《建筑施工碗扣式钢管脚手架安全技术规范》
结构设计详解

余宗明 编著

中国建筑工业出版社

图书在版编目(CIP)数据

《建筑施工碗扣式钢管脚手架安全技术规范》结构设计详解/余宗明编著. —北京：中国建筑工业出版社，2009

ISBN 978-7-112-10958-6

Ⅰ. 建… Ⅱ. 余… Ⅲ. ①脚手架－工程施工－安全技术－规范②脚手架－钢管结构－结构设计－规范 Ⅳ. TU731.2－65

中国版本图书馆 CIP 数据核字（2009）第 071187 号

《建筑施工碗扣式钢管脚手架安全技术规范》 结构设计详解

余宗明　编著

*

中国建筑工业出版社出版、发行（北京西郊百万庄）
各地新华书店、建筑书店经销
北京华艺制版公司制版
北京市兴顺印刷厂印刷

*

开本：850×1168 毫米　1/32　印张：3½　插页：1　字数：100 千字
2009 年 6 月第一版　2009 年 6 月第一次印刷
定价：**15.00** 元
ISBN 978-7-112-10958-6
（18207）

版权所有　翻印必究
如有印装质量问题，可寄本社退换
（邮政编码　100037）

《建筑施工碗扣式钢管脚手架安全技术规范》(JGJ 166—2008)于 2009 年 7 月颁布实施,由于规范中结构计算引入了多项新概念以及规范最后定稿时文字高度浓缩,使得理解和应用难度较大。本书将编制过程中的主要结构设计原理、计算简图及结构试验的有关成果进行了详尽叙述,并对主要计算公式采用实例进行示范计算,深入浅出地解析碗扣式脚手架的结构设计,帮助施工技术人员更好地理解和使用规范,本书可作为学习规范的参考用书。

* * *

责任编辑:曾 威
责任设计:郑秋菊
责任校对:陈晶晶 孟 楠

前　言

　　碗扣式钢管架是一种新型的建筑施工架，它与扣件式钢管架主要区别在于节点连接方式。扣件式钢管采用的是分体式的扣件，而主体杆件就是 $\phi 48\times 3.5$ 钢管，其优点是不用单独加工，只要用扣件与钢管相扣接即可形成各种形状和尺寸的架体，达到施工要求。碗扣式钢管架的节点是碗扣，碗扣的构造是利用焊于立杆上的下碗扣和可套接的上碗扣，以及横杆上焊接的插头，插接于下碗扣之上形成节点。其显著的优点是节点的承载能力大，立杆和横杆处于一个平面之内，作为结构体来说受力更加合理。碗扣架是由铁道部专业设计院1986年研究试制，并申报了专利，至今已有20余年的历史，取得了较为丰富的经验。很多人希望早日编制出规范。1994年亦曾在建设部立项，但是这项计划一直未能实施。直至2004年才由中国建设金属结构协会建筑模板脚手架委员会申请此项规范的编制工作。规范编制工作十年无人问津，主要在于缺乏专业研究，没有很好地总结使用经验并提高到理论高度。除此而外，科研气氛不浓，不同学派缺乏交流和讨论，没有充分听取非主流意见也是原因之一。

　　2004年成立的规范编制小组正处在脚手架和模板支撑架倒塌事故频发之时，因而编制小组以结构计算为重点，突出分析了扣件式脚手架规范中的不足之处，接受了非主流意见，以铰接基本假设为出发点，按照结构力学的理论，建立了网格式结构计算模型。首先对杆件体系的几何不变条件，进行了分析。找出了架体倒塌以及"整体失稳"的原因。近年来现场实际观察可以看到斜杆几乎被抛弃，证明倒塌的原因就是架体不满足几何不变条件。在此基础上将双排脚手架和模板支撑架实用结构加入理论分析得到了典型的计算简图,使整个规范的编制进入了创新的道路。《建筑施工碗扣式钢管脚手架安全技术规程》(JGJ 166—2008)的正式颁布执行证明了编制小组指导思想的正确性,也会对我国建筑施工的安全提供可靠的依据。

"规范"的颁布虽然很重要,但是其贯彻执行就是规范发布后的更紧迫任务。尤其是本规范概念是全新的,其中牵涉到结构力学和计算的内容也较多,如何将规范中的理论分析和科学试验的成果变为现场人员熟知的道理?于是决定写一本解读的书,将规范编制中的科学试验和理论推导的内容以及结构计算的工程实例纳入,便于读者掌握和应用。

在理论研究方面,20世纪60年代以前结构力学的研究成果已极为丰厚,到如今已不被人所知,如杆系的稳定理论对脚手架的结构计算就有很大用途。20世纪末期结构计算的电算法取得了丰硕的成果,但是在结构力学与电算法的连接上却是原则谈的多,具体应用少。以有限元法为例,有些高等院校在做结构试验时就采用了这一方法,但是试验和电算相互并不一致,说明电算法并未与实际应用相结合。再如半刚性节点的假设也是如此,如何解决它的计算问题,仍然是这种假设实际应用的障碍。

碗扣架规范的颁布执行对工程安全提供了一个新的理念,即安全事故的发生不仅仅是个别领导重视不重视的问题,也并非是单纯的产品质量问题,很重要的一个方面是如何正确设计施工架的技术问题。愿我们在技术上努力能为千百万建筑工人的生命安全起到足够的保证作用。

当然任何一件新生事物都不可能是完美无缺的,碗扣式钢管架结构计算也有需要完善之处,望广大读者给予批评指正。

在规范编制过程中,编制组成员提出了许多宝贵意见,也为本书的编写提供了许多珍贵的素材,作者受益匪浅,在此谨向他们表示衷心感谢!

目 录

第1章 绪论
1.1 碗扣式钢管架的引入和发展 …………………………………… 1
1.2 脚手架结构计算方法及其进展 ………………………………… 2
1.3 结构试验 ……………………………………………………… 5
1.4 关于《建筑施工碗扣式钢管脚手架安全技术规范》 ………… 7

第2章 建筑施工架的结构设计及计算
2.1 建筑施工架的主要结构形式、计算简图及几何不变条件 … 13
2.2 《建筑结构可靠度设计标准》及极限状态设计表达式 …… 16
2.3 整体结构的力学分析 ………………………………………… 17
2.4 杆件强度计算、最不利杆和风荷载倾覆计算 ……………… 18

第3章 荷载计算
3.1 架体荷载部分编制的基本原则 ……………………………… 21
3.2 某些补充数据的说明 ………………………………………… 21
3.3 有关荷载问题的讨论 ………………………………………… 22

第4章 碗扣式钢管架的结构特点和力学分析
4.1 双排脚手架结构计算简图和力学分析 ……………………… 25
4.2 双排脚手架立杆计算长度 …………………………………… 27
4.3 双排脚手架承载能力计算 …………………………………… 28
4.4 模板支撑架结构计算简图 …………………………………… 28
4.5 模板支撑架承载力计算 ……………………………………… 30
4.6 模板支撑架风荷载倾覆计算 ………………………………… 34

第5章 脚手架和模板支撑架结构计算实例
5.1 双排脚手架承载力计算 ……………………………………… 39

5.2 首层立杆连接件距离超过 4.2m 时双排脚手架计算 ………… 42
5.3 双排脚手架允许搭设高度计算 ………………………………… 44
5.4 模板支撑架承载力计算 ………………………………………… 45
5.5 模板支撑架风荷载倾覆计算 …………………………………… 47

第 6 章 碗扣式钢管架荷载试验
6.1 概述 ……………………………………………………………… 53
6.2 双排脚手架试验方案 …………………………………………… 54
6.3 试验结果与理论计算结果对比分析 …………………………… 56
6.4 试验结果综合评价 ……………………………………………… 66
6.5 顶杆结构试验与 $h+2a$ 公式 …………………………………… 71
6.6 结构试验与有限元法 …………………………………………… 72
6.7 碗扣式钢管架"井字架"和"双排脚手架"试验 ……………… 73

第 7 章 碗扣式钢管架的结构构造
7.1 概述 ……………………………………………………………… 81
7.2 双排脚手架允许搭设高度 ……………………………………… 81
7.3 双排脚手架立杆接头 …………………………………………… 81
7.4 斜杆采用八字形设置 …………………………………………… 82
7.5 关于双排脚手架斜杆设置的要求 ……………………………… 82
7.6 模板支撑架的斜杆设置 ………………………………………… 83
7.7 水平斜杆的设置 ………………………………………………… 83
7.8 碗扣架的斜杆和连墙件 ………………………………………… 84

第 8 章 构配件及建筑施工
8.1 构配件制作技术标准和产品的质量控制 ……………………… 87
8.2 碗扣式钢管架安全应用的管理要求 …………………………… 88
8.3 技术交底 ………………………………………………………… 90
8.4 脚手架的检查与验收 …………………………………………… 91
8.5 关于混凝土结构拆模强度和混凝土强度推算 ………………… 91

附录
附录一 Q235 钢管轴心受压构件的稳定系数 φ ……………… 97

附录二　φ48mm 钢管主要计算参数 …………………… 98
附录三　圆钢截面积及重量表 ………………………… 99
附录四　各种边界条件下中心受压杆计算长度………… 100
附录五　全国基本风压分布图 ………………………（插页）

参考文献……………………………………………………… 101

第1章 绪 论

1.1 碗扣式钢管架的引入和发展

扣件式钢管架引入我国是在 20 世纪 60 年代，其特点是扣件加钢管，引入的时代主要是"以钢带木"的技术，主要目的是解决工程建设中木材（特别是杉篙）供应不足的问题，其主要应用的范围是脚手架。到了 20 世纪 70 年代末改革开放带来了新的建设高潮，脚手架技术也有了突飞猛进的发展。新型脚手架引入的就有门式架和碗扣架等。碗扣架是钢管架的另一种形式，1987 年北京星河机器人公司购买了铁道部专业设计院的碗扣式钢管架的专利。为了将专利商业化，机器人公司与北京住总集团合作，将碗扣式钢管架发展为定型专业产品在北京亚运会工程开始了工程试点和大规模推广应用。

碗扣式钢管架的明显优势是连接可靠，承载能力高。主结构中心受力无偏心，由于碗扣是焊于立管上，横插头也是焊接于横杆上，其承载力很大。对于承受竖向荷载来说远远大于扣件式连接（只靠摩擦力），可以说在通常脚手架的荷载下，节点几乎不可能破坏；其次是其节点连接除焊接外，扣件与主体连锁无丢失的可能。这就显示了它立足于建筑施工的优良条件。

1987 年碗扣式钢管架在工程运用的初期即遇到了当时脚手架技术发展的通用难题，即如何适用于高层建筑的问题。此问题已是脚手架技术的瓶颈，扣件式钢管架在 1983 年发生了北京社科院倒塌事故之后，其搭设高度已被限制在 20m 之内。为了解决高层建筑的施工，通常采用两种方法：一是低于 45m 的脚手架下部 20m 采用双管立杆；二是高于 45m 的采用分段增设挑梁的办法。后者明显的缺点是，挑梁插入各楼层，大量消耗钢材又影响楼层内外的安装及装饰工程，应当说极不理想。

北京住总1988年亚运会汇宾大厦工程恰恰就落入这一困境。该楼高73m，平面为扇形。由于工期要求不能搭设悬挑梁外架。在充分考虑了碗扣架的优点后，通过结构计算，以单肢立管外架达到73m高度，为高层建筑采用碗扣架开了先河，这一成果的应用是在钢管架铰接计算法理论的基础上取得的。

碗扣架除了在搭设高度上取得的成绩外，在此期间还取得了应用范围的扩大，在住总集团同期施工的北新模架公司，将碗扣架应用到其模板支架中，这一结合使碗扣架不仅有脚手架的用途，而且扩展到模板支架。

碗扣式钢管架在实际应用上的发展，自然引起了现场工程师的关注，很多同志盼望着能编制规范指导现场施工，因而1994年在建设部立项。但是由于碗扣式钢管脚手架的结构计算存在较多争论，因而无人承担编制任务。在2004年由中国金属结构协会的模架委员会成立了编制小组，才开始了编制的实际工作。在建设部有关部门的领导下，重点突出了结构计算的理论，充分吸收各方意见，通过讨论编制出初稿，后又经专家评审和相应的结构试验，最终在2008年底批准付之排印并颁布执行。

1.2 脚手架结构计算方法及其进展

1.2.1 背景

脚手架竹木阶段并不存在结构计算的问题。由于天然材料性能的不均匀，以及连接方式（如蔴绳与铅丝）所能承受的荷载较小等因素，始终搭设高度和承载力都是很有限的，但是竹木阶段还是注意到了其整体结构的组成问题，在这一阶段结构组成上特别注意到了"十字盖"、"压栏子"以及斜撑等斜杆的设置，保证了整体结构的稳定。使其在很长时间得到安全使用的效果。

采用 $\phi 48$ 钢管与扣件式的金属结构之后，主体杆件及扣件的力学性能有了显著提高，材质的性能也保持足够的稳定。在初期依照木脚手架的规则来使用也保持了很好的效果。但是当脚手架的搭设高度大大超出了原有高度时，就出现了问题。最早的倒塌事故就是北京社科院外架子。对于这次事故作者曾进行了一个简单的计算，证明按照结构计算来确定高型脚手架安全的重要性。

北京社会科学院大楼为1983年的在施结构，全楼总高度为54m，1983年9月底完成了结构主体施工，为了能在冬期之前完成外装修，决定国庆节后抢工，采用扣件式钢管架一次搭设到顶部，并在每层全部铺设脚手板，以便全部各层同时进行装修施工。架子搭设在节前全部完成，节后10月4日开工时，只有不到十个架子工到架子上进行检查，结果脚手架突然整体倒塌，造成数人死亡的重大事故。事故检查组对该事故的倒塌原因认为：一是脚手架搭设不规矩，与建筑物的拉结（连墙件）采用8号钢丝与垫木拧接达不到支撑作用；二是全部满铺脚手板荷载过大，虽然这个结论是正确的，但是它没有采用具体的结构计算数据，没有认识到结构计算的关键性。本人对该结构进行了立杆强度的计算，采用强度达到屈服点 $240N/mm^2$（现已改为$235N/mm^2$）。脚手架的主参数：柱距1.8m，排距1.2m，步距1.8m，连墙件间距3.6m，其结构计算如下：

① 脚手板荷载：$350×1.8×0.6×30=11340N$；
② 脚手架自重：$(0.8+0.6+1.8)×38.4×30=3686.4N$；
   合计：$N=15026.4N$；
③ 单肢立杆承载力：长细比 $\lambda=360/1.58=227.8$，查表折减系数 $\varphi=0.14$；
   $[N]=\varphi \cdot A \cdot f=0.14×489×240=16430.4N$

从上述计算结果可以看出二者已很接近，实际上考虑脚手架的扣件、小横杆的挑出长度等，荷载远远超出15026.4N，因而倒塌是必然的。说明高型脚手架结构计算的重要性。

到了1987年碗扣式钢管架开始出现在工地上，在北京亚运会工程上展露其技术优势，这种优势最初也只是体现在安装方便、不丢失扣件等，但随后即受到了高层建筑的考验，由北京住总建设集团承建的汇宾大厦,平面为扇形高达73m,为了使结构施工不影响外装饰,不可能采用竖向分段设挑梁的办法,住总集团科技处从结构计算着手,解决了曲线形平面和搭设高度(单肢立管)的问题,其成果获得了北京市科技成果二等奖,又一次显示了脚手架结构计算的威力。

但是应该看到此时的结构计算仍然是很粗略的。到了20世纪90年代初,钢管架开始拓展到模板支撑架,使单纯的脚手架变成了建筑施工架,这一变化最重大的影响是架体上支撑的荷载,已由$2kN/m^2$提高到$20kN/m^2$。实际上垂直荷载提高了10倍。当然除此之外,室外的模板支撑架还要承受横向风荷载,使得其受力情况有了极大变化,但是结构计算技术却没有进展,导致了倒塌事故频繁发生。

1.2.2 脚手架结构计算的发展历程

总结1980年至扣件式钢管架规范颁布的2001年,在脚手架的结构计算方面主要有以下一些成果:

(1)《建筑施工手册》最初建立的立杆承载力计算法。该法认定立杆为脚手架的主要承力杆件,对之进行计算。这种计算法奠定了结构计算的初步走向,但是没考虑整体结构和立杆计算长度的关系,这是其不足之处。

(2)无侧移钢架计算法。此法实际上只提供了节点为刚性的假设,并没有给出实际应用的计算办法。

(3)节点的铰接计算法。该法视节点为铰,即与"施工手册"原来的主要基点一致,也继承了英国脚手架规范的基本假设。此法从理论上首先注意到了整体结构对立杆计算长度的影响,尤其是双排脚手架。这一分析虽然使结构计算有了重大理论依据,但并未引起广泛的重视,也未对结构整体构成形成系统的分析。

(4)半刚性节点假设。此一假设似乎是一种可行的办法,但是这种假设最大的问题是未能与结构计算联系起来,因而只能是一种概念，不能实际应用。但是这一假设却长期成为扣件脚手架规范的理论依据。

除去上述的一些方法之外，在模板支撑架的计算方面，有的专业公司对模板支撑架的计算采用了"单肢立杆平均承载力"的计算法，就是初步假设单肢立杆能承受10kN或8kN来进行设计。

从上述方法可以看出，脚手架的结构计算实际上极不成熟，仍然处于发展阶段。

1.2.3 本次规范中结构计算的要点

本次碗扣式钢管架规范在总结前人经验的基础上，确定了几个关键问题作为结构计算方法的要点：

（1）特别关注了建筑施工架的整体结构设计，以节点铰接为基础，对组成施工架的网格式结构静定条件进行了重点分析，确定了结构几何不变条件是解决施工架整体稳定的核心。

（2）对建筑施工架中的两个主要体系，双排脚手架和模板支撑架确定了整体结构计算简图，为结构计算提供了形象的结构体系。

（3）在结构内力分析的基础上，以最不利杆进行强度计算的方法保证整体结构的安全。

整体结构计算采用静定结构体系，使之简便，易操作。不采用晦涩难懂的有限元法等，达到概念清楚，易于掌握的目的。

1.3 结构试验

1.3.1 试验概况

众所周知，结构计算方法的重要验证手段是结构试验。因为任何计算方法都必须是以试验为依据才能获得实际工程应用的信心。脚手架的结构计算当然也不会脱离这一基本法则，但是由于碗扣式钢管架应用的时间不长，只有20年左右，因而结构试验也只有零星试验成果。最早的试验主要是扣件式钢管架，主要是连接强度试验，验证扣件能承受的破坏力（剪切力）以及扣件拧紧程度对承载力的影响。扣件式脚手架整体结构试验1991年由哈尔滨工业大学进行，这也是到目前为止最为重要的结构试验。碗扣式脚手架的结构试验最早由铁道部第三工程局科研所所做。它的试验除整体结构采用了井字架结构试验之外，对下碗扣极限剪切强度、横杆插头抗剪强度及螺旋支座的垂直承载力等均做了比较全面的试验，为其技术开发提供了足够的科学数据。1989年由星河机器人公司与北京住总集团在中国建筑科学研究院抗震室做了双排脚手架的荷载试验，可以说为碗扣架整体结构计算奠定了初步基础。2007年底由碗扣架规范编制小组与清华大学结构实验室对规范中有争议的问题再次进行了结构试验。其中以双排脚手架整体结构承载力为主，通过试验确定了整体结构按铰接计算的极限承载力以及立杆挠度变形曲线，取得了理论计算和试验结果的一致性。除此之外还对双排立杆间增加斜杆的极限承载力提高效果及立杆连续性（也即节点之刚性）的作用以及顶杆承载力计算公式都进行了测定，为按铰接进行计算提供了足够的数据，起到了充分的证实作用。

除了上述试验结果之外，最近有几个高等院校也做了一些结构试验，其中已见到试验报告的有北京某大学和西安某大学的。这些试验虽然对支撑结构计算取得了一定的成果，但是由于试验与计算之间缺乏足够的联系，因而不能取得直接应用的效果。

1.3.2 结构试验的原则和目的

从建筑结构设计经验来看，由于建筑结构都有巨大的尺寸和庞大的荷载，因而建筑结构通常是采用力学理论进行计算而无法通过试验的方法进行设计，而结构试验一般是采用模型试验或局部杆件或节点进行试验来确定计算方法是否正确。在结构试验之前首先设定理论计算方法，然后再选定试验的部位与试验的方法。此外从目前来看,试验中所能测定的数据主要有两类:一个是力(或荷载);另一个即变形(挠度或应变)。以脚手架和模板支撑架为例,最重要的是结构支撑力(或极限荷载)和主要受力杆件(立杆)的挠曲变形。当然还可以测定杆件的应力,但实际所测到的应力只是应变(仍然是变形),而对中心受压杆来说由于应力与应变不呈线性关系,作为判断分析较难,根据欧拉公式杆件并不能服从线性规律(即应力与应变成正比),因而其结果是不准确的。

脚手架结构试验应该分为两类:第一类是节点的试验;第二类是整体结构试验。第一类目的在于确定节点在实用荷载下的承载力是否足够;第二类应当是整体结构,因为 $\phi48$ 钢管作为单独一根管是无试验意义的,只有在它组成了一个整体结构之后才能确定其承载力是否符合要求,而结构试验首先必须有一个整体结构才能进行。为解决脚手架或模板支撑架的问题,所选定的试验结构应当是现场实际应用的架体结构。而以此为基础的必然结果是首先要确定这种结构的计算方法,之后才能将试验结果与之相对比,以确定计算方法的可用性。

目前在结构试验上出现的问题主要是对上述基础原则看法不同。没有确定整体结构的构成,又不确定所适用的计算方法;这样做试验是有盲目性的。目前采用最多的是有限元法,但又不能说明对脚手架有限元法如何计算,于是所使用的实用结构的图形如何套入软件的计算来分析,成为一个大难题。

1.4 关于《建筑施工碗扣式钢管脚手架安全技术规范》

1.4.1 碗扣式钢管架规范编制的主要目标

《建筑施工碗扣式钢管脚手架安全技术规范》(JGJ 166—2008)于 2008 年底由中华人民共和国住房和城乡建设部发布,定于 2009 年 7 月 1 日起正式执行。这是自 2001 年颁布执行的

《建筑施工扣件式钢管脚手架安全技术规范》（JGJ 130—2001）以来钢管架体系的一个新成果。虽然碗扣式钢管架与扣件式钢管架在节点的构造上绝不相同，但其架子的主体都是 $\phi48\times3.5$ 钢管，因而主体结构有极大的类似性，结构受力原理也是相同的，因而从结构计算角度上是近似的，可以互相吸收成熟的经验，取得技术上的进步，把钢管架技术提高到一个新的高度。碗扣式钢管架规范编制小组就是在充分消化吸收扣件式脚手架经验的基础上开始工作的。

碗扣式钢管架规范编制小组是 2004 年开始成立的，成立之初所处的背景具有以下特点：一是钢管架已经成为我国建筑施工的主体工具，杉木脚手架所剩无几，而其他一些新型脚手架尚处于开发初期，只有钢管架被广大建筑企业熟练掌握，因而应用的范围最大。此外近十几年来我国建筑工程已由多层建筑为主全面转入高层建筑为主，钢管架在高层建筑上显示出了较大优势。二是钢管架已由纯粹的脚手架跨入模板支撑架领域，并成为模板支撑架的主体。以上两点是钢管架的可喜之处，但是在良好发展机遇的基础上，也遇到了前所未有的障碍——事故频发。进入 20 世纪以来，脚手架事故从未间断，而且多数是倒塌类的重大事故，这就是刻不容缓的课题和目标。要想找到杜绝事故的方法，首先要找到建筑施工架（包括脚手架和模板支撑架）倒塌的真正原因，只有这样才能对症下药。

1.4.2 杜绝事故的主要办法

从我国目前的状况看，对架体倒塌事故的分析大体有如下几个结论：一是材料和配件质量不合格；二是工人操作有缺陷；三是违章、违规等不合乎管理程序的行为等。这种分析方法虽然很符合行政领导的口味，因为不需要任何专业技术和理论分析，但是其结果是不能暴露倒塌的主因，因而杜绝事故的办法也就无从谈起了。

编制小组在以上认识的基础上认为要想编好这本规范，

首先要摆脱原有思路的束缚，开辟一条创新之路，才能真正突破这一难关。这条路主要的依据是理论联系实际之路。

首先从理论上讲，由建筑结构的角度看，结构力学应当说是一个极为科学和完整的体系，它指导着全世界的建筑结构设计，无论跨度达数千米的桥梁还是高耸入云的摩天大楼都是在结构力学理论的指导下建立起来的，虽然也可能在个别工程上会有瑕疵，但应当承认结构力学理论本身是可靠的。因此，钢管架倒塌的问题，在结构力学的指导下肯定会得到完满的解决。

其次是实践的问题，只有对现场实际应用情况有较为深入的了解，才能找到实际应用中到底存在什么问题。应当指出的是找问题的办法应当是以理论为指导的，如果没有理论的指导，也就不一定能找得到问题，这就是理论联系实际。

当然，另外一个理论联系实际的重要方法，就是科学试验，理论是否正确，或者是否存在缺陷，最好的解决办法就是科学试验，以试验结果来证明理论的正确性。对工程结构来说"结构试验"是非常重要的。

1.4.3 "规范"编制指导原则

（1）以结构力学为理论指导，对高大型建筑施工架进行结构设计，使结构计算达到规范化；

（2）结构设计中，架体结构整体的构造要满足结构计算的条件，重点放在架体"整体失稳"的根源——杆系结构的几何不变性方面，未曾计算之前要先对结构整体进行"机动分析"；

（3）以典型的双排脚手架和模板支撑架构造为基础，加入力学分析条件，建立两种体系结构的"结构计算简图"；

（4）利用结构力学已有的内力分析方法对建筑施工架进行内力计算，之后对其最不利杆进行强度计算。由于建筑施工架主要受力杆件是立杆，为中心受压杆件，因此特别要注意其"计算长度"的确定。具体分析表明计算长度与整体结构的构造有关，此外双排脚手架还与连墙件的设置有关。与此相联系还需解决 $\phi 48 \times 3.5$ 钢管的极限长细比 $\lambda \leqslant 230$ 的问题。

1.4.4 "规范"的主要技术成果

(1) 建立了网格式结构的几何不变条件和内力分析方法。

(2) 确立了以横剖面为主的双排脚手架结构计算简图；确定了双排脚手架（包括风荷载）承载能力的计算式；对其立杆计算长度提出了可靠的确定方法。通过结构试验和理论推导证明立杆连续性对计算长度的影响。

(3) 建立了以力学计算为基础的双排脚手架允许搭设高度的计算式。

(4) 建立了模板支撑架承载力计算式，并确定了两种不同支撑设置条件下立杆计算长度的确定方法。

(5) 对模板支撑架在风荷载作用下的计算，确定了立杆出现拉力为其倒塌（或倾覆）条件。建立了风荷载力学分析方法，成为室外高型模板支撑架计算的新概念。

(6) 对规范所采用的结构计算理论进行了对比性结构试验，使理论计算值和试验值直接对照，证明了所采用的计算方法的正确性。

(7) 首次在施工规范中纳入了碗扣式钢管架构配件的质量检验与评定标准。对碗扣式钢管架构配件规格、质量的统一起到了良好的指导和推动作用。

1.4.5 "规范"的学习、贯彻和试点

"规范"发布之后，许多地方已开展学习贯彻工作，说明各级领导对建筑安全的关心，也反映了广大现场施工人员早一点儿学会安全使用脚手架和模板支撑架的愿望。如何将规范落实到现场施工的实际工作中去？由于规范的内容有较多的理论计算和新的概念，因此建议以技术部门为主体，与安全部门共同组织学习，以提高学习的效果。

根据 20 世纪末新技术推广的经验，规范学习也应遵循理论联系实际的方式进行，也就是在本地区选定具有代表性的工程进行试点，通过试点工程使技术人员和安全人员真正掌握规范的内涵，这样既保证了工程的安全，又培养了一批人才。在试点工程的基础上观摩学习，使规范落到实处，取得好的效果，杜绝事故的发生。

第 2 章 建筑施工架的结构设计及计算

2.1 建筑施工架的主要结构形式、计算简图及几何不变条件

碗扣式钢管架本身是搭设架子用的构配件，正像扣件架的扣件与钢管一样，但是从这两种钢管架进入建筑业的开始都是应用于脚手架，因而统称它们为脚手架，但是技术发展到今天，两种架子都不仅是应用于脚手架，其应用的主要范围是脚手架和模板支撑架两种情况。这样两种应用全部是建筑施工范畴，因而称之为"建筑施工架"（或建筑架、施工架）更为确切。

碗扣架规范首先提出了脚手架的"结构设计"问题。这是由于过去忽略了这一重要的指导思想，忽略了脚手架的"整体结构"。众所周知整体结构是结构计算的基础，就好像没有"鸟巢"的整体结构就无从谈起结构计算一样。脚手架的结构设计就是要通过设计人的思考，将其设计成安全和经济合理的整体结构。脚手架的结构设计虽然要注入设计人的思想，但是设计人也必须注意到原来传统的结构形式，因为它可以满足原来应用的功能和施工条件，便于达到实用。因而设计的原型是双排脚手架，但须改造其中不适合力学原理的成分。双排脚手架结构构造如图 2-1 所示，由两排相互连接的平面架体组成，其主要结构杆件是：立杆、大横杆、十字盖、小横杆带连墙件。以这种原始的结构图形是不能计算的，整体结构首先要变成结构计算简图。计算简图的重要基础条件是杆件的连接点——节点；视为"铰"，还是"刚节点"。碗扣架规范假设节点为铰接。结构计算简图的第二个假设就是将结构化为平面体系。于是略去斜杆等次要杆件的主体结构计算简图如图 2-2 所示。

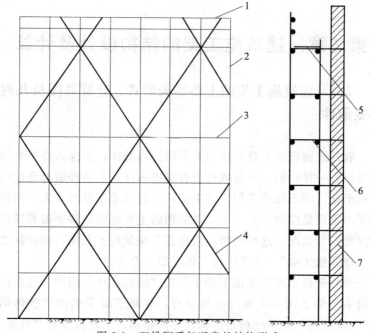

图 2-1 双排脚手架通常的结构形式
1—护身栏；2—立杆；3—大横杆；4—十字盖；
5—脚手板；6—小横杆带连墙杆；7—在施结构

由横、立杆相互交接组成的主体结构有如渔网一样，可称之为网格式结构。网格式结构根部由链杆支撑于地面上，侧边通过链杆支承于其旁的结构物上。这种结构体系与已往的结构是完全不同的。与其最相近的桁架结构比较，桁架组成的杆件很多，但支座与地基的连接点很少，只有少量梁支座。而网格式结构却是每根立杆都落地，其次是它的立杆和横杆都是平行的。

根据结构力学对整体结构的机动分析可以知道，铰接的平行四边形体系是可变体系，也就是它不能承受任何荷载。任何外力都会使它的体形发生变化。也就是失去其体形的稳定性，这也就是建筑施工架"整体失稳"的根本原因。

为了使网格式结构不失稳，就要保证整体结构的几何不变

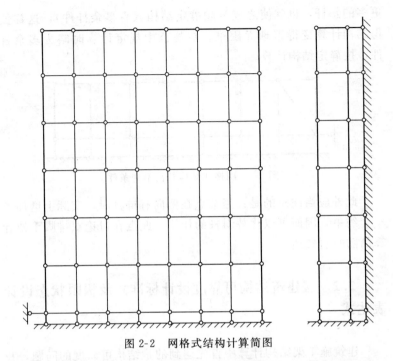

图 2-2 网格式结构计算简图

性。其办法就是在节点之间增加斜杆,使平行四边形的形式变成三角形体系。为了达到此目的,脚手架的斜杆两端必须通过节点。在建筑施工架的结构设计中的第一要点是"整体结构稳定性分析,确保架体为几何不变体系",许多施工架的倒塌原因就在于此,因而必须要研究的是网格式结构几何不变条件。为了解决这一问题应从网格式结构的底端开始推算(图2-3),左端第一格增加一根斜杆,则左端第一格成为几何不变,继续往右推,每增加两根杆件增加一个铰,各铰的位置是不可变的,依次类推不论有多少格,其结果是几何不变的。同理往上再增加一格也是如此,只要有一格内有斜杆即成为几何不变。最后可得如下结论:网格式结构自上而下每步有一根斜杆则整个结构为几何不变体系。在解决了几何不变性的问题之后就会出现另一个问题,通常为了保持结构有更多的安全储备,在构造措施中一般设置两道或更多的斜杆，也就使之成为超静定结构（有多余杆件），这样使得结构计算变得繁琐而困难。在规范中规定计算时略去多余杆件，按静定结构计算。

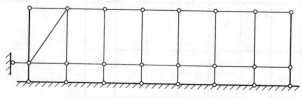

图 2-3 网格式结构几何不变条件

此外应当注意的是：当节点在侧向有链杆时，实际上增加了一个约束，因而可以代替斜杆的作用，此点在讨论双排脚手架计算简图时再叙述。

2.2 《建筑结构可靠度设计标准》及极限状态设计表达式

建筑施工架结构计算中首先遇到的是结构可靠度的问题，我国建筑结构的结构计算都是采用极限状态设计方法，实际上其主要依据是《建筑结构可靠度设计统一标准》(GB 50068—2001)，该标准的总则里按结构设计使用年限，从 5 年到 100 年分为 4 个等级，最低的使用年限为 5 年，其示例为临时性结构。因而建筑施工架应属于这一类别；建筑结构的安全等级分为三级，建筑施工架可以纳入安全等级二级，也即破坏后果严重一级（相当于建筑物中的一般房屋）。根据该标准第 7 章极限状态设计表达式中结构重要性系数 γ_0 采用 1.0。

按极限状态设计表达式的要求，除结构重要性系数 γ_0 之外，采用了两种分项系数：作用分项系数 γ_F（包括荷载分项系数 γ_G、γ_Q）和结构构件抗力分项系数 γ_R（或材料性能分项系数），在目前钢结构设计规范中采用的作用分项系数采用为荷载分项系数；而将材料性能分项系数与强度标准值的乘积作为"强度设计值"

作为极限状态表达式中相应值进行计算。此一基本概念也就是说明对建筑结构可靠度采用了分项系数的方法，不再存在安全系数 K 的问题，因而再讨论安全系数 K 问题是属于不必要的。

2.3 整体结构的力学分析

对于任何一个建筑结构，计算中重要的步骤是力学分析，通过分析将结构的任意组成构件的内力予以确定，以便最后通过强度计算，以达到整体结构安全的目标，建筑施工架当然也要按此办法来解决，实际上也就是按照结构力学的原理来进行内力分析。

考虑到现场施工工程师对结构计算的不熟悉，本规范采用两个措施：一是将结构简化为静定结构（即忽略多余未知杆）；二是采用手算的方法，也就是不用电算的方法，从目前的情况看电算方法大多不够成熟，实际运用也较为困难。譬如经常看到的有限元法，一般不说明如何划分有限元以及如何建立杆件相邻处的力学和变形协调条件，使得大多数人无法应用。本规范整体结构转化为静定结构之后，杆件内力的计算是极为简单的，更容易掌握。

整体结构的力学分析按照"双排脚手架"和"模板支撑架"两个体系分别进行。双排脚手架主立面由于有斜杆（十字盖），其立杆的计算只要按步距确定计算长度即可。但是其横剖面除了立杆与横杆的组合之外，还存在着连墙件。而且连墙件的间距一般大于一个步距，也就是说立杆的计算长度牵涉连墙件的步距和两排立杆间斜杆的设置。因而控制其承载力的应当是结构计算简图的横剖面。至于模板支撑架，其组成是双向结构（即平面上 X、Y 两个方向）。因而应将其分解为垂直相交的两个网格式结构计算，当然一般情况下两个方向的长度是不同的，通常可以其平面的短向剖面进行计算。由于模板支撑架通常不存在"在施结构"的侧向支撑，因而对横向风荷载的计算就成了关键，值得注意。

2.4 杆件强度计算、最不利杆和风荷载倾覆计算

2.4.1 计算分析

根据上述步骤的计算已经得到了架体各杆件的内力值，依结构设计的常规就要按照内力来验算杆件的强度是否能满足要求。这项计算按照规范所给出的公式计算即可完成。

根据大量的工程实例计算通常认为架体主要承受的是垂直力，而主要的受力杆件是立杆，因而计算立杆承载力成为主要内容。但是对于室外高型模板支撑架已发生多起重大倾覆事故，因而对其承受横向荷载的能力值得怀疑。通过对高型架风荷载的计算说明由于钢管架本身在根部不能锚固因而不能承受拉力，而侧向风荷载会在立杆中产生拉力，而造成倾覆是必然的结果。

此外风荷载在模板支撑架中产生的斜杆作用力较大，有时可能超过扣件承载力 8 kN，当采用旋转扣件连接斜杆时也是需要注意的。

2.4.2 最不利杆

碗扣式钢管架计算与一般建筑结构的计算方法有极大的差别。差别就在于通常的建筑结构经过力学分析，按照其内力来选择每一个杆件的截面或节点。而建筑施工架具有相同的构件截面 $\phi 48 \times 3.5$ 钢管，因而只要整体结构中受力最大的构件承载力大于其作用力则即可保证整个架体的安全，这就是最不利杆件强度验算的方法。

由于双排脚手架其主要受力杆件是立杆，而其作用力是其上部各层的施工荷载及结构自重，当然一般说来最不利杆是下端的立杆。此外从承载能力考虑，立杆的计算长度愈长则承载能力愈小，因而最不利杆还应进行比较其中计算长度最长的也可能是最不利杆。

2.4.3 风荷载倾覆计算

对于模板支撑架来说，通常其主要功能是承受模板上的荷载，因而按照垂直荷载进行内力分析和强度计算。但是室外架体较高时，则需单独计算混凝土浇筑前风荷载倾覆计算，尤其对于架体的高宽比大于 2 时，其抗倾覆的能力成为架体的薄弱环节。

此项计算是本规范首次提出来，技术上不够成熟，有许多值得改进之处，但对于指导施工的意义是重大的。

有关风荷载倾覆的计算在规范中提供了相应的计算方法及公式，本书第五章提供了相应的计算实例。

第3章 荷载计算

3.1 架体荷载部分编制的基本原则

在荷载计算方面本规范的主要依据是《建筑结构荷载规范》(GB 50009—2001)，但是为了方便使用者和统一相应的数据，减少这一基础数据的歧义和争论，确定了以下几个原则：

(1) 采取统一的荷载项目：譬如双排脚手架的可变荷载只有施工荷载和风荷载，模板支撑架的垂直荷载只有模板架体自重，新浇筑混凝土自重，施工人员及设备荷载和浇筑振捣混凝土时产生的荷载等。

(2) 将荷载标准值的数据给齐，保证计算过程中必须的数据。

(3) 尽量采用过去规范中已有的数据，譬如模板支撑架中荷载标准值全部选自老规范《混凝土结构工程施工及验收规范》(GB 50204—92)。

(4) 对荷载的分类除按照规范分为永久荷载与可变荷载之外，将双排脚手架和模板支撑架分别叙述，使基本概念清晰明了。

(5) 风荷载的计算中除了采用简化了的水平风荷载标准值ω_k的计算公式之外，对风压高度变化系数和体型系数计算所需要的参数数据表格及公式都给列出，使计算不存在障碍。

3.2 某些补充数据的说明

(1) 脚手架结构自重：

由于碗扣式钢管架配件的生产出现不标准的情况，因而本规范采用了碗扣架生产厂家星河模架公司生产的规格。其单件重量以规范第 3 章表 3.2.5 为准。

（2）主要配件脚手架的重量也以通用的 50mm 厚的木脚手板为准，对于采用其他类型的脚手板亦可按照实际情况进行计算。

（3）模板支撑架中增加了两项可变荷载：

1）施工人员及设备荷载（Q_3）：此项荷载的增加主要是由于楼板泵送混凝土时，多采用移动式简易布料杆。通常具有 3～4m 高的钢塔架以及上端布料杆的旋转头，其重量约有 20kN 左右，底盘面积约 25m²。

2）浇筑和振捣混凝土时产生的荷载（Q_4）：在混凝土浇筑过程中，布料杆的旋转、混凝土从泵管喷出对模板的冲击，以及混凝土浇筑通常从一端进行而引起的荷载不均衡引起的横向力等，为了保证整个计算的安全度，增加了此项荷载。

（4）风荷载的体型系数 μ_s：

风荷载作用于结构体会由于形状的不同而有所变化，因而除依据迎风的面积计算之外，还要乘以体型系数，在碗扣式钢管架中与体型系数有关的有两处：

1）无遮挡时，钢管为圆形，其体型系数为 1.2，该值反映在规范公式（4.3.2-1）中，其来源见规范条文说明 4.3.2 条的第 3 款。

2）悬挂密目式安全网时，其体型系数为 1.3，该值反映在规范 4.3.2 条中，其来源见规范条文说明 4.3.2 条第 2 款。

3.3 有关荷载问题的讨论

碗扣架规范在编制时明确以结构计算及结构安全为重点，因而对于其他问题采取了维持原状或采用偏于安全的措施，但是从建筑施工架技术进步的角度来看还是值得讨论的。

3.3.1 脚手架的施工荷载

目前脚手架的施工荷载仍然按原有木脚手架的分类方法，即结构架子和装修架子。在目前施工条件下这两个概念已是完全不同了，如结构架子是指的砌砖用的架子，其每步架高为1.2m，架子上堆放砖、砂浆槽等，但现在砌筑工程已很少，结构工程的施工多为钢筋混凝土浇筑工程，其主要功能为防护作用，因而应予调整。至于装修工程也有了较大改变，过去外装修以抹灰工程为主，而现在多以涂装、挂石材、安装玻璃幕墙为主，因而也应按照不同的外装修工程确定不同荷载，使得计算更加合理。

3.3.2 模板支撑架上作用的横向荷载问题

此问题的出现，首先源于英国规范，在结构计算的叙述中提出"如果架体上出现横向荷载时"，则架体的受力有如悬臂梁一样在立杆中一边出现拉力，一边出现压力。这种叙述与我们的荷载规范是不一致的。我国规范认为荷载有就是有，没有就是没有，不能以如果为出发点，其次它又没有说明这个荷载是多少。于是引起了另外一些观点，譬如"诱发荷载"的看法，使得问题更加复杂化。由于这些观点的影响，上海市的脚手架规范（地方标准）就提出了增加了横向荷载的计算，但是在其规定中又变成了垂直荷载进行计算，其数值又是按照所浇筑的混凝土重量的百分比来计算，而这个混凝土的范围又不明确，是整个结构还是单肢立杆上的，说得不够明确。

当然，从现场实际情况上来看，浇筑混凝土的过程确实存在着横向荷载，如混凝土浇筑时的冲击、振捣器的振动力，以及布料杆的旋转和甩动等，需要认真组织测定，使之科学合理。

3.3.3 风荷载计算中的取值问题

如前所述，风荷载的计算中一般采用偏大值，以提高安全度，以密目安全网的立墙为例，选用了两边无遮挡之"独立墙壁及围墙"的体型系数 1.3，就是明显的偏大，该种情况是由一侧有吸力 0.4，另一侧有吹力 0.8 之和的情况，但是脚手架在围护整个建筑物的情况下更近于建筑物的一侧立墙，只承受单面风的作用（吸力或吹力）。这样选取体形系数的结果对于风荷载倾覆验算来看，在很多情况下有可能偏大，如 14.4m 高的桥架 7.2m 宽，高宽比为 2 时似乎倾覆验算已达极限。

3.3.4 荷载计算整体简化问题

本规范在荷载计算中严格遵守了《建筑结构荷载规范》的有关规定，因而从计算角度显得有点繁琐，适当略去一些次要因素，使得计算更为简练应当是今后努力的目标。以模板支撑架垂直荷载计算为例，公式（5.6.2-2）中风荷载产生的轴向力 Q_5 是否可以忽略？因为它在垂直荷载下的承载力数值所占的百分比是很小的。当然荷载计算的整体简化，尚需广大工程师和专家共同研讨。

第4章 碗扣式钢管架的结构特点和力学分析

4.1 双排脚手架结构计算简图和力学分析

4.1.1 结构计算简图中的横剖面

从图 4-1 双排脚手架的结构简图来分析，通常施工荷载是作用在脚手板上，通过横杆传到立杆上，因而垂直荷载除去杆件自重外可以归纳为顶端集中荷载 P。当然脚手板的位置也可能在中间，但是当以底端立杆为计算关键来看，不会影响结构计算结果。

双排架的正立面只选择了每层一根斜杆的静定结构，从正立面的网格式结构，可知主要受力杆是立杆，而立杆的结构计算也很明确，其计算长度为步距 h。

但是从双排脚手架横剖面来看，就复杂了许多。首先是在剖面图中，将立杆间的横杆（两连墙杆间）取消了，这是因为两立杆间无斜杆存在，如若存在横杆与铰，则该结构变成可变体系。当取消了中间横杆之后，才可达到静定条件，在这样的条件下，立杆的计算长度变为 $2h$（连墙件之间的距离），实际上表明立杆在两个方面的受力情况是不同的，而以横剖面的计算是其最不利计算条件，结构计算应以此为依据。

4.1.2 无连墙件立杆

连墙件的布置在横向并非每个立杆都有连墙件，而是隔几跨（本简图上是三跨）才有，这就引发了第二个问题——无连墙件问题。如以无连墙件立杆绘制剖面图，则立杆自下而上，全部无连墙件，其计算长度将为架体全高。此一问题过去没有引起足够的重视，只有纳入铰接结构计算时，严格理论分析才能看到。该

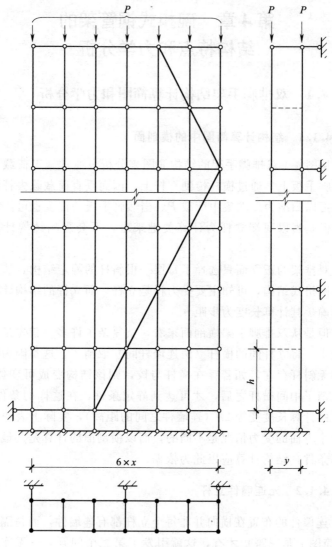

图 4-1 双排脚手架结构力学分析

问题的理论解释是在相邻两个连墙件立杆的约束下，通过纵向大横杆约束，将该处形成了固定点，当然这一设想理论上不够严格。

初步确定中间不应超过三跨，而且立杆间距不大于1.8m。这一结论虽然是根据多年实践经验得出的，但还要通过试验予以证明，具体内容参见本书第六章。

4.2 双排脚手架立杆计算长度

4.2.1 长细比的确定

连墙件垂直距离≤3.6m时，由于立杆是个受压杆件，其承载能力受到长细比 $\lambda=l_0/i$ 的影响。在钢结构中心受压杆折减系数表中，最大长细比为250。当长细比超过250之后就无法求出折减系数 φ，这也就意味着该杆件的承载力不能得到保证，因而 $\lambda=250$ 就成为受压杆件的限值。对 $\phi48\times3.5$ 的钢管来说其计算长度限值为3.6m，所以在5.1.4条规定受压杆件长细比不得大于230。

经过以上的分析可知双排脚手架的承载力主要取决于立杆的承载力，而其值又由立杆的计算长度所决定。规范5.3.2条规定了"两立杆间无斜杆时，等于相邻两连墙件间垂直距离；当连墙件垂直距离小于或等于4.2m时，计算长度乘以折减系数0.85。"本条的后半部补上0.85系数的原因是由于假设立杆的连接点为铰偏于保守。结构试验小组经过结构试验发现其极限承载力比理论值大239%，比其他几组方案值偏大。为了慎重起见，又通过理论计算假设立杆在连墙件处具有连续性（即该处如连续梁一样，无相对转角），由于此一弯矩约束的存在，理论推算结果相当于计算长度乘以0.84，规范取整用0.85。

4.2.2 缩小底端脚手架立杆计算长度的措施

上述的力学分析已知 $l_0>3.6m$ 时双排脚手架的技术障碍。通常高层建筑首层、二层和三层都有超过3.6m高度的情况，这是由所施工的建筑结构所决定的。要想解决这一问题，可以在双排立杆间增设斜杆，使之构成三角形的几何不变体系，加以解决。此时立杆的计算长度缩减为步距。因此规范5.3.2条的第2款即是说明这种情况。

4.3 双排脚手架承载能力计算

（1）双排脚手架承载力的验算分为三个步骤：

第一步，无风荷载时（也即侧立面没有安全网覆盖时），此时验算最不利杆的承载力 $N \leqslant \varphi \cdot A \cdot f$。

第二步，计算风荷载在立杆上产生的弯矩（侧立面满覆安全网时）。当连墙件竖向间距为两步时，必须考虑内外两根立柱共同承受（由于内外立杆间有小横杆相连），此问题为一次超静定。相连横杆支撑力 P_r，按规范中的公式（5.3.4-2）求得，即可求得外立杆的弯矩 M_w，其弯矩图如规范中图5.3.4所示。

第三步，计算立杆压弯承载力，按（5.3.4-4）式，确定架体是否安全。

（2）除上述计算外，尚应按5.3.5条验算连墙件的承载力和连墙件中扣件抗滑承载力。

（3）规范5.4节，给出了脚手架允许搭设高度的计算公式，此公式的计算来源仍然是上述承载力计算公式，只不过将搭设高度 H 设定为未知数推导而来。此公式通过力学计算求得的搭设高度是科学计算数值，而并非推测值，因而是完全可靠的。

4.4 模板支撑架结构计算简图

模板支撑架整体结构与双排脚手架有很大不同。通常其立柱的排列是双向的，因而组成为空间的整体结构（图4-2）。但是从结构计算上，可以按照其立杆的轴线作为平面体系进行结构计算。

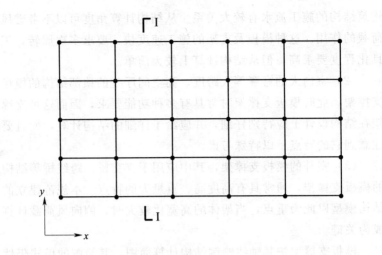

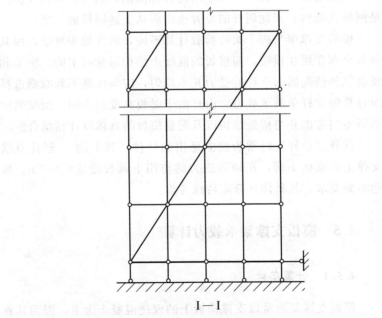

图 4-2 模板支撑架平面及计算简图

模板支撑架的应用大体可以分为三类情况:

(1) 室内的建筑楼板,一般高度不会很大 (≤4.8m),它与建筑结构的施工流水有较大关系。从结构计算角度可以不考虑风荷载的作用。这种模板及支架的施工速度快，要求多次周转，工具化程度要求高，但从结构计算上较为简单。

（2）室内大的穹窿等大跨度、高空间厅堂的顶部结构的模板支撑架，此时模板支撑架时常具有多种功能要求，因而这种支撑架在结构设计上应特别仔细，并应给予详细的结构计算，而且要注意到它的特点予以特殊考虑。

（3）室外的模板支撑架，其中应用于立交桥、跨线桥等结构的模板支撑架，通常具有高度高、重量大的特点。本规范建立的结构模型以此为重点，当架体的高宽比较大时，侧向风荷载计算成为关键。

模板支撑架按其轴线绘制结构计算简图，其简图的模式仍然是网格式结构，因此斜杆的设置也应服从上述同样的规则。

模板支撑架与脚手架的荷载计算不同，通常较为复杂，因其荷载全部作用在顶端，而楼板的混凝土结构通常有主梁、次梁和楼板三种情况因而立杆的受力并不均匀，应当按最不利原则选择所计算的立杆单肢承载力。而且由于梁板高度的不同，顶端的构造需专门考虑并与楼板结构以及配制模板的具体设计相结合。

此外"顶杆"时常为独立悬出的杆件，其上的U形托直接支撑上部模板小楞，在轴向压力的作用下其长度应≤0.7m。如达不到要求，其具体计算应特殊考虑。

4.5 模板支撑架承载力计算

4.5.1 计算条件

模板支撑架通常以支撑模板上的现浇混凝土为主，因而其首要计算就是垂直荷载作用下立杆的承载力，仍然是按 $N \leqslant \varphi \cdot A \cdot f$ 公式计算，但是作为中心受压杆来说，其主要影响因素还是立杆的计算长度，而计算长度的确定主要依据是斜杆的设置。

按规范 5.6.3 条第 1 款的规定,在每行每列有斜杆(达到网格式结构静定条件)的网格结构中按步距 h 计算。

当不能满足上述条件时,则按照规范 5.6.3 条第 2 款,必须满足外侧四周设置剪刀撑这一基本条件,在中间还要间隔设置剪刀撑,当立杆间距≤1.5m 时,其间隔必须≤4.5m(也就是三跨),此时为了补偿中间立杆承载力的不足,将立杆的计算长度按公式 $l_0=h+2a$ 计算(式中 a 为立杆伸出顶层悬挑长度)。

4.5.2 模架顶端的结构特点

由于楼盖下有板,次梁和主梁使得结构上部的高度参差不齐,顶端上的垂直荷载也不是均匀相等的,在主梁下的立杆将承受较大荷载,其值可能比板的荷载大 10 倍。由于上述条件的存在,应先绘制立杆平面布置图,梁板下可采用不同的立杆间距(图 4-3)。支撑架荷载的计算必须选择主要结构断面为准。

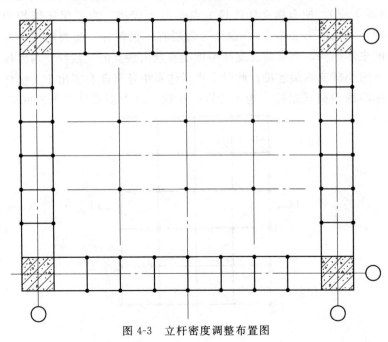

图 4-3 立杆密度调整布置图

4.5.3 顶杆处要与模板设计相协调

由于模板的种类很多，如胶合板模板、大钢模、小钢模、钢框胶合板模板以及快拆式模板等，每一种模板都有自己的特殊要求，因而模板支架的设计必须与模板设计相配合，使顶杆的设置与上部梁与小楞相一致。

4.5.4 要考虑多层施工工序与流水及配模的套数

因为在多层结构时，要考虑加速模板的周转，按施工的速度来配置模板和支架。

4.5.5 模板支撑架的整体结构

根据上述特点，可将支撑架的典型结构简化，将立杆平面布置为垂直交叉的柱网（图4-4a），其结构计算简图为网格式结构（图4-4b），所有横立杆连接节点全部为铰接。为了保证结构为静定（几何不变体系），设计为每层有一根斜杆，此为结构计算的主体结构。通常情况支撑架顶端有悬出独立的"顶杆"与模板下的小楞或木梁连接。此时主次梁体系中还可能有突出于上横杆标高的网格式结构。为了计算的简化，将上部顶杆与上端网格

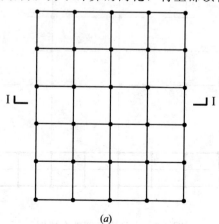

(a)

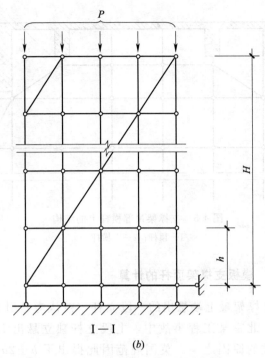

图 4-4 模板支撑架平面及结构计算简图
（a）平面图；（b）Ⅰ—Ⅰ剖面

体系单独考虑。

4.5.6 垂直荷载作用下承载力的计算

根据前述可知，模板支撑架在 X、Y 两个轴向，其结构计算简图都是网格式结构（图4-5），因而其内力分析就极为简单，主要承力杆就是立杆。在静定条件下，每根立杆上的作用力即是其上端的荷载值，立杆计算长度即是步距。根据施工架计算原理，就是寻找最大受力杆。其办法是利用在施结构钢筋混凝土断面判断哪个主梁下的立杆为是不利杆，然后进行计算。

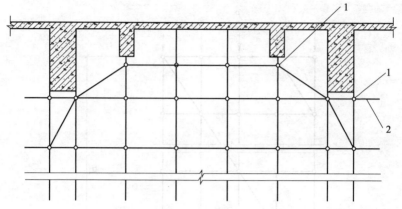

图 4-5 支撑架顶部横杆上的结构
1—顶杆；2—上横杆

4.5.7 模板支撑架顶杆的计算

模板支撑架最上端悬出的一段立杆，被认为是引起架体倒塌的原因，北京某工程事故中，上段立杆独立悬出 1.8m，这是导致事故的原因之一。英国规范因此提出了 $h+2a$ 的公式，也被我国规范所引用，但理论上并不严密。从结构力学角度分析，悬出的立杆如同下端固结的悬臂受压杆一样，按照材料力学的计算公式，只要将该立杆的计算长度按悬出高度的 2 倍计算即可。为此专门作了结构试验证明是完全可以得到保证的（见本书第六章），试验的挑出长度为 0.9m，再由专家审查后确定为 0.7m。

4.6 模板支撑架风荷载倾覆计算

4.6.1 计算依据和力学分析

室外搭设的高型模板支撑架，在风荷载的作用下倒塌的可能性较大，这是众所周知的。在杉篙脚手架的时代，架子工就极为重视这一问题，譬如附着于建筑物的高车架以及烟囱等结构的脚手架都必须采用拉缆风绳的措施以保证架体的稳定。近年来在窄而高的模板支撑架中亦发生多次倒塌事故，说明模板支撑架侧边无支撑条件，只靠自身承受横向力，其整体结构承受横向力的能力是薄弱环节。在风荷载作用下，它类似于下端固定的悬臂梁。在根部必然形成一侧为拉应力、一侧为压应力，才能保持平衡，而模板支撑架没有与根部锚固的装置，当一侧立杆出现拉力时必然造成整个结构的倾覆。为此本规范提出对高型模板支撑架进行风荷载的计算。此计算从安全角度出发，以计算立杆拉力为主题，是一个保证安全的重要成果。

4.6.2 风荷载结构计算简图和力学分析

通常模板支撑架的平面布置是双向的，在选择结构计算简图时，以横断面（或窄跨方向）为计算剖面，因窄跨方向产生的内

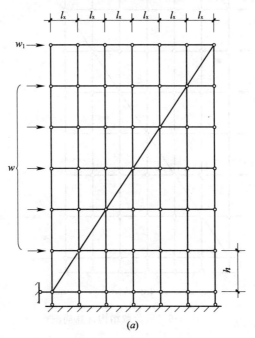

(a)

力更大。结构计算简图可分为两种情况：一种高宽比$\leqslant h/l_x$（图4-6a），另一种高宽比$> h/l_x$（图4-6b）。此时一层斜杆达不到静定条件，须设多层斜杆。

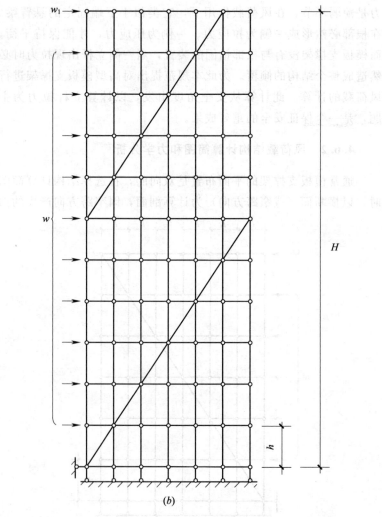

图 4-6 风荷载结构计算简图

由于选定的是静定结构,规范中的内力分析方法和图形主要运用了桁架结构的"零杆法"和"力的平行四边形定理"。虽然网格式结构与桁架形式上有很大不同,但力学原理仍然是一样的,分析起来并无难度。

当然在计算之前首先要将均布风荷载化解为节点风荷载。通常的节点风荷载可按规范中"荷载"一章计算。其中应注意的是顶端风荷载 w_1 按照规范应按两种工况计算:一种只计安全网;另一种需考虑到护身栏安全网与模板侧向迎风面等因素(规范5.6.4条第4款)。

节点风荷 w_1 从作用点出发经过横杆作用到有斜杆的节间,在该间的斜杆内产生拉力;该间立杆内产生压力。此斜杆与立杆内力按平行四边形定理求得。此斜杆内力到达底端支座产生拉力,其值与立杆压力值相等。将每一个节点风荷载内力计算后叠加,即得到支座最大拉力值。当有多层斜杆时,只要将每层内力叠加即可得到最终结果。

4.6.3 风荷载作用下安全性验算(立杆不出现拉力)

室外高型模板支撑架在风荷载作用下立杆出现拉力已如上述,克服倾覆的主要方法是依靠架体本身的重量,以及作用在立杆上端的模板和钢筋的重量予以压住,这个验算按照规范5.6.4条的第4款分为两种工况:

(1)当钢筋未绑扎时,顶部只计算安全网的挡风面积;

(2)当钢筋绑扎完毕,已安装完梁板模板后,应将安全网和侧模两个挡风面积叠加计算。

此款的规定似乎只是顶端风荷载计算的两种工况,但是结合规范5.6.5条可以看出,实际上也是"架体倾覆验算"的两个计算条件:

(1)按第一工况计算时,依靠架体自重平衡。

(2)按第二工况计算时,可组合立杆上模板及钢筋重量。

根据作者进行工程实例的计算,其中第一工况虽然顶端风荷

载 w_1 略小，但下部的风荷载 w 并未减少，单靠架体自重平衡很难达到平衡拉力的效果，多数需依靠第二工况才有平衡的结果。

4.6.4 风荷载倾覆计算的几点讨论

（1）风荷载的计算揭示了高型模板支撑架倾覆的真正原因，对指导支撑架的结构设计和现场施工提供了理论依据，对架体安全提供了可靠的保证。

（2）但是从风荷载倾覆计算的实例来看，14.4m 高的架体，宽高比为 2，架体抗倾覆的能力已接近极限，与通常现场的经验感觉似乎过于严格。因而对这一计算方法有很多值得讨论之处：

1）所采用的风荷载数值是否偏大。

2）只采用单斜杆静定体系计算使得斜杆合力会集中作用在一根立杆上，使最不利杆的拉力过大，实际上当斜杆较多变成超静定结构后，拉力将会均匀化，不集中在一个立杆上，其效果会更好一些。

3）规范中的结构计算简图为单斜杆，而且只计算了从左侧向右侧的风荷载，改变斜杆的位置以及风向都会改变计算的结果，仍然需要同行们充分发挥创造性，使这一计算更加完善。

第5章 脚手架和模板支撑架结构计算实例

5.1 双排脚手架承载力计算

5.1.1 结构计算参数

北京地区某建筑物高度 H 为 30m，需搭设双排外脚手架，配合结构施工阶段为防护架，结构完成后改作装修架施工，根据工作需要，配二层木脚手板作操作台，同时进行施工作业的为一层。该建筑物首层高度 4.2m，以上为标准层，标准层高度为 3.6m，外侧满覆密目安全网作防护，在 23m 及顶层设水平斜杆两层。脚手架排宽为 1.2m，立杆纵距 1.5m，通用步距 h 为 1.8m，但首层为了达到 4.2m，除两个 1.8m 外，上端增加一个步距 0.6m。拉墙件水平距离采用 4.5m。其结构计算简图如图 5-1 所示，已知 3m 立杆质量为 16.48kg，小横杆质量 4.78kg，大横杆质量 5.93kg，斜杆质量 9.3kg，$g=10\text{N/kg}$，计算中相关数值见规范表 3.2.5、表 5.1.6 及表 5.1.7，相关公式对照规范第五章。

5.1.2 立杆轴向力计算

（1）立杆
$$Ht_1 = 30\text{m} \times 164.8\text{N/3m} = 1648.00\text{N}$$
（2）小横杆
$$[(H-0.6)/h+2]\, t_2/2 = [29.4/1.8+2] \times 47.8/2$$
$$= 438.17\text{N}$$
（3）大横杆
$$[(H-0.6)/h+2]\, t_3 = [29.4/1.8+2] \times 59.3$$
$$= 1087.17\text{N}$$

(4) 通高专用斜杆

$30 \div 1.8 \times 93/2 = 775N$

(5) 水平斜杆及扣件重量

斜杆长 1.95m，ϕ48 钢管质量 3.84kg/m，扣件重 14.6N，共两道（按 24m 以下高度）重量为：

$[1.95m \times 38.4/2 + 14.6] \times 2 = 104.08N$

合计（结构自重标准值轴向力）：$N_{G1} = 4052.42N$

5.1.3 脚手板及配件重量

(1) 脚手板

$2 \times 1.2m \times 1.5m \times 350N/m^2/2 = 630N$

(2) 栏杆及挡脚板

$1.5m \times 0.14kN/m \times 2 = 420N$

(3) 密目安全网

$10N/m^2 \times 1.5m \times 30m = 450N$

(4) 脚手板及构配件自重标准值轴向力

$N_{G2} = 630 + 420 + 450 = 1500N$

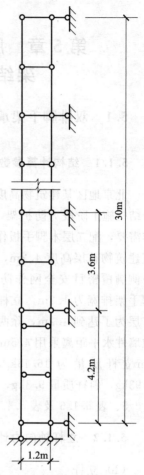

图 5-1 双排脚手架计算实例

5.1.4 施工荷载轴向力

$N_{Q1} = 1.2m \times 1.5m \times 2000N/m^2/2 = 1800N$

5.1.5 无风载时单肢轴向力

$N = 1.2(N_{G1} + N_{G2}) + 1.4N_{Q1} = 1.2 \times (4052.42 + 1500) + 1.4 \times 1800$

$= 9182.9N$

5.1.6 单肢立杆承载力

$\lambda = 0.85 \times 420/1.58 = 225.9$,$\varphi = 0.143$
$N = 0.143 \times 489 \times 205 = 14335.0\text{N} > 9182.9\text{N}$(合格)

5.1.7 计算风荷载弯矩

(1) 风荷载计算

基本风压 $w_0 = 0.4\text{kN/m}^2$,风压高度系数 $\mu_z = 0.62$,体型系数:$\mu_s = 1.3\varphi_0$,密目网挡风系数 $\varphi_0 = 0.8$。

风荷载标准:$w_k = 0.7\mu_z\mu_s w_0 = 0.7 \times 0.62 \times 1.3 \times 0.8 \times 0.4$
$= 0.1805$ (kN/m²)

(2) 风荷载作用下内外排立杆间横杆支撑力(仍以中间一个横杆计)

$P_r = \dfrac{5}{16} \times 1.4 w_k l_a l_0 = \dfrac{5}{16} \times 1.4 \times 0.1805 \times 1.5 \times 4.2 = 0.4975\text{kN}$

(3) 风荷载弯矩

$M_w = 1.4 l_a \times l_0^2 \dfrac{w_k}{8} - P_r \dfrac{l_0}{4} = 1.4 \times 1.5 \times 4.2^2 \times \dfrac{0.1805}{8} - \dfrac{0.4975 \times 4.2}{4}$

$= 0.8358 - 0.5224 = 0.3134$ (kN·m)

5.1.8 立杆压弯承载力

$\dfrac{N_w}{\varphi A} + 0.9 \dfrac{M_w}{w} = \dfrac{9.183}{0.143 \times 489} + 0.9 \times \dfrac{313.4}{5080}$

$= 0.1313 + 0.0555(\text{kN/mm}^2)$

$= 186.8\text{N/mm}^2 > 205\text{N/mm}^2$(合格)

5.1.9 说明

上述结果表明双排脚手架在搭设高度为30m时,还有一定的安全储备，也就是估计可搭设到 40m 左右，上述结果是利用了 4.2m 以下的计算长度折减系数 0.85 才能够达到的。

5.2 首层立杆连接件距离超过 4.2m 时双排脚手架计算

5.2.1 结构设计参数

北京地区某写字楼高度 41.4m，其他技术参数与上例相同，只是首层高度是 5.4m，二层以上为标准层，标准层高度为 3.6m，试对其进行承载力计算。此时首层的高度超过了 3.6m，也超过了 4.2m，为了解决其长细比超限的问题可采用首层立杆增加廊道斜杆的办法，那么从最不利杆考虑可能有两个：一个是第二层，也就是 5.4m 处；其次是首层立杆。先以第二层立杆进行计算。

5.2.2 立杆轴向力计算

(1) 立杆：$Ht_1 = 36 \times 164.8/3 = 1977.6N$

(2) 小横杆：$(H/h+1)t_2/2 = (36/1.8+1) \times 47.8/2 = 501.9N$

(3) 大横杆：$(H/h+1)t_3 = (36/1.8+1) \times 59.3 = 1245.3N$

(4) 通高专用斜杆：$36/1.8 \times 93/2 = 930N$

(5) 水平斜杆及扣件重量：按 24m 以下的高度共三道 $(1.95 \times 38.4/2+14.6) \times 3 = 156.12N$

结构自重轴向力：$N_{G1} = 4810.92N$

5.2.3 脚手板及配件重量

(1) 脚手板：630N

(2) 栏杆及挡脚板：420N

(3) 密目安全网：$10N/m^2 \times 1.5 \times 36 = 540N$

脚手板及构配件自重标准值轴向力 $N_{G2} = 630 + 420 + 540 = 1590$ （N）

5.2.4 施工荷载轴向力

$N_{Q1} = 1800N$

5.2.5 无风载时单肢轴向力

$N = 1.2 \times (4810.92 + 1590) + 1.4 \times 1800 = 10201.10N$

5.2.6 单肢立杆承载力

$\lambda = 360/1.58 = 227.8$，$\varphi = 0.140$

$N = \varphi A f = 0.14 \times 489 \times 205 = 14034.3N > 10201.1N$（合格）

5.2.7 计算风荷载弯矩

(1) 风荷载标准值：$w_k = 0.1805 kN/m^2$

(2) 内外排间横杆支承力：

$P_r = \dfrac{5}{16} \times 1.4 w_k l_a l_0 = \dfrac{5}{16} \times 1.4 \times 0.1805 \times 1.5 \times 3.6 = 0.4264 kN$

(3) 风荷载弯矩

$$M_w = 1.4 l_a \times l_0^2 \dfrac{w_k}{8} - P_r \dfrac{l_0}{4}$$

$$= 1.4 \times 1.5 \times 3.6^2 \times \dfrac{0.1805}{8} - 0.4264 \times \dfrac{3.6}{4}$$

$$= 0.6141 - 0.3838 = 0.2303 kN \cdot m$$

5.2.8 立杆压弯承载力

$$\dfrac{N_w}{\varphi A} + 0.9 \dfrac{M}{W} = \dfrac{10201}{0.14 \times 489} + 0.9 \times \dfrac{230.3 \times 10^3}{5080}$$

$$= 149 + 40.8 = 189.8 N/mm^2$$

$$< 205 N/mm^2 \text{（合格）}$$

5.2.9 说明

脚手架 5.4m 标高处立杆承载力是合格的，对 5.4m 以下立杆的验算肯定也是合格的，原因是立杆在加了廊道斜杆后其计算长度缩短为 1.8m，立杆的承载力提高约 4 倍，反之立杆弯矩应力由于跨度缩小到 1/4，也要相应减少到 1/4。此部分的计算读者可自行计算。

5.3 双排脚手架允许搭设高度计算

5.3.1 结构设计参数

北京地区某建筑工程欲搭设装修用的双排外脚手架，使用要求配备两层脚手板，施工作业层一层，采用排距 1.2m，纵向间距 1.5m，步距 1.8m，拉墙件竖向间距为 3.6m，试求其允许搭设高度。

5.3.2 计算脚手板、挡脚板和防护栏杆（略去安全网）由于数值很小，故产生的轴向力

$$N_{G2}=m\left(g_2\frac{l_a l_b}{2}+0.14 l_a\right)$$
$$=2\times\left(0.35\times\frac{1.5\times1.2}{2}+0.14\times1.5\right)=2\times(0.315+0.21)$$
$$=1.05\text{kN}$$

（因本计算略去安全网，故将规范中公式（5.4.2-1）的第二项 $0.01 l_a H$ 略去）。

5.3.3 每步脚手架自重计算

$$N_{g1}=ht_1+0.5t_2+t_3+0.5t_4+0.5t_5$$
$$=1.8\times164.8/3+0.5\times47.8+59.3+0.5\times93+0.5\times89.5$$
$$=98.88+23.9+59.3+46.5+44.75=273.33\text{N}$$

5.3.4 施工荷载

$$N_{Q1} = n_c Q \frac{l_a l_b}{2} = 1 \times 2 \text{kN/m}^2 \times \frac{1.5 \times 1.2}{2} = 1800 \text{N}$$

5.3.5 风荷载弯矩

按上例题 5.2.7 及 5.2.8 所得数据 $M_w = 0.2303 \text{kN} \cdot \text{m}$，$W = 5080 \text{mm}^3$

求得 $N_w = \varphi A \left(f - 0.9 \frac{M_w}{W} \right)$

$$= 0.14 \times 489 \times \left(205 - 0.9 \times \frac{230.3 \times 10^3}{5080} \right) = 11241.05 \text{N}$$

5.3.6 最高允许搭设高度

$$H = \frac{[N_w - (1.2 N_{G2} + 0.9 \times 1.4 N_{Q1})] h}{1.2 N_{g1}}$$

$$= \frac{[11241.05 - (1.2 \times 1050 + 0.9 \times 1.4 \times 1800)] \times 1.8}{1.2 \times 273.33}$$

$$= 42.33 \text{m}$$

5.4 模板支撑架承载力计算

5.4.1 结构设计参数

某高架桥为梁板体系，采用碗扣式钢管架作支撑架，其主结构断面如图 5-2 所示，钢筋混凝土板厚 0.25m，梁高 1.8m，宽 0.9m。碗扣架平面布置采用 0.9m×0.9m 网，步距 1.8m。模板采用 18mm 厚竹木胶合板与方木组合体系。

5.4.2 最不利杆和荷载计算

由上述剖面即可看出最不利杆是主梁断面下的两根立杆。依据该立杆进行荷载计算，由于架体不高，通常略去架体自重。

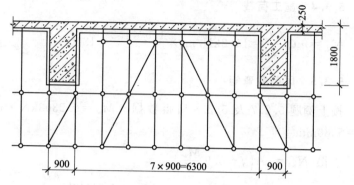

图 5-2 模板支撑架承载力计算

（1）模板自重标准值 Q_1

$Q_1 = [0.9 + (1.8 - 0.25)] \times 0.9 \times 0.30 \text{kN/m}^2 = 0.662 \text{kN}$

（2）新浇筑混凝土自重（包括钢筋）标准值 Q_2

$Q_2 = (1.8 \times 0.45 + 0.25 \times 0.45) \times 0.9 \times 25 \text{kN/m}^3 = 20.76 \text{kN}$

（3）施工人员及设备荷载标准值

$Q_3 = 0.9 \times 0.9 \times 1 \text{kN/m}^2 = 0.81 \text{kN}$

（4）浇筑和振捣混凝土时产生的荷载标准值

$Q_4 = 0.9 \times 0.9 \times 1 \text{kN/m}^2 = 0.81 \text{kN}$

5.4.3 不组合风荷载时单肢立杆轴向力

$N = 1.2(Q_1 + Q_2) + 1.4(Q_3 + Q_4)$
$= 1.2 \times (0.662 + 20.76) + 1.4 \times (0.81 + 0.81)$
$= 27.974 \text{kN}$

5.4.4 单肢立杆承载力计算

$\lambda = 180/1.58 = 114$，折减系数 $\varphi = 0.489$

$N = \varphi A f = 0.489 \times 489 \times 205 = 49.02 \text{kN} > 27.974 \text{kN}$（合格）

5.4.5 说明

由于模板支撑架中的主要荷载是新浇筑混凝土的重量，因而一般可不计算支撑架架体的重量以及由风荷载所产生的垂直轴向力 Q_5。以本题为例，其承载能力超过实际轴向力 75% 左右，已足够安全。

5.5 模板支撑架风荷载倾覆计算

5.5.1 结构设计参数

北京某高架桥模板支撑架高 14.4m，架体宽度 7.2m，立杆平面采用方形，纵横间距全部为 0.9m，步距采用 1.2m。采用单斜杆布置，其平面图和计算简图如图 5-3 和图 5-4 所示。顶部安全网高度 1.5m，模板侧帮高 1.8m。

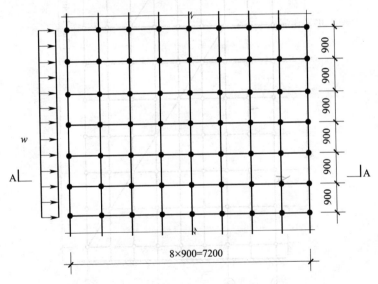

图 5-3 模板支撑架平面布置图

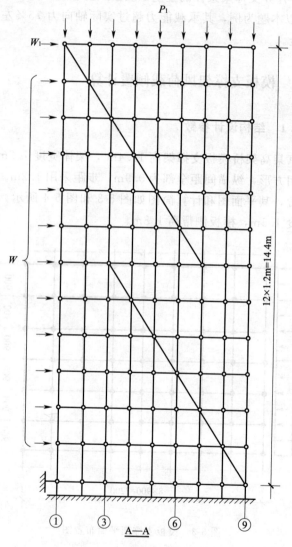

图 5-4 风荷载计算简图

5.5.2 风荷载计算

(1) 风荷载标准值

根据荷载规范值可知北京地区基本风压 $w_0 = 0.40 \text{kN/m}^2$，风压高度变化系数采用高度 20m 时，地面粗糙度按 D 类，取 $\mu_z = 0.62$；体形变化系数分为两种情况：

1) 密目安全网：体型系数 1.3；挡风系数 $\varphi_0 = 0.8$，求得风压标准值为

$$w_{k1} = 0.7\mu_z \cdot \mu_s \cdot w_0 = 0.7 \times 0.62 \times 1.3 \times 0.8 \times 0.4 \text{kN/m}^2$$
$$= 0.1805 \text{kN/m}^2$$

2) 钢管架：体型系数 1.2；挡风系数 $\varphi_0 = (0.9+1.2) \times 0.048/0.9 \times 1.2 = 0.093$

$$w_k = 0.7 \times 0.62 \times 1.2 \times 0.093 \times 0.4 = 0.0194 \text{ (kN/m}^2\text{)}$$

顶端模板侧板挡风压标准值为

$$w_{k2} = 0.7 \times 0.62 \times 1.3 \times 0.4 = 0.2257 \text{ (kN/m}^2\text{)}$$

(2) 节点风荷载

1) 密目安全网（顶端）：

$$\omega_1 = F_1 w_{k1} = (1.5 \times 0.9) \times 0.1850 = 0.2437 \text{kN}$$

2) 单片架体：$\omega' = F\omega_k = 0.9 \times 1.2 \times 0.0194 = 0.0314 \text{kN}$

3) 顶端模板：$\omega_2 = F_2 \omega_{k2} = 0.9 \times 1.8 \times 0.2257 = 0.3656 \text{kN}$

4) 9 片架体组合节点风荷载：

$$w = w' \frac{1-\eta^n}{1-\eta} = 0.0314 \times \frac{1-0.97^9}{1-0.97} = 0.0314 \times 8$$
$$= 0.2512 \text{kN}$$

5.5.3 架体内力计算

(1) 节点荷载在斜杆和立杆内产生的内力：

立杆垂直分力　　$w_v = wh/l_x = w \times 1.2/0.9 = \dfrac{4}{3}w$

斜杆内力　　$w_s = w\sqrt{h^2 + l_x^2}/l_x = w \times 1.5/0.9 = \dfrac{5}{3}w$

（2）根据以上结果，对节点风荷载进行内力分析，将所得结果叠加，求得立杆拉力值如表 5-1、表 5-2 所示。

第一种工况（顶端只有安全网）各轴线立杆拉力表　　表 5-1

立杆轴线	1	2	3	4	5	6	7	8	9
拉力值	w_{v1}	w_v	w_v $w_{v1}+5w_v$	w_v w_v	w_v w_v	w_v w_v	w_v $-5w_v$	w_v	$-w_{v1}-11w_v$
合计	w_{v1}	w_v	$w_{v1}+6w_v$	$2w_v$	$2w_v$	$2w_v$	$-4w_v$	w_v	$-w_{v1}-11w_v$

从上表可以得知最大拉力发生在 3 轴，其值为 $w_{v1}+6w_v$。

第二种工况（顶端有安全网及帮模）各轴线立杆拉力表　　表 5-2

立杆轴线	1	2	3	4	5	6	7	8	9
拉力值	w_{v2}	w_v	w_v $w_{v2}+5w_v$	w_v w_v	w_v w_v	w_v w_v	w_v $-5w_v$	w_v	$-w_{v2}-11w_v$
合计	w_{v2}	w_v	$w_{v2}+6w_v$	$2w_v$	$2w_v$	$2w_v$	$-4w_v$	w_v	$-w_{v2}-11w_v$

第二种工况与第一种工况基本相同，只不过将 w_{v1} 改为 w_{v2}。

5.5.4　架体倾覆验算

1. 按第一种工况计算，依靠架体自重平衡

（1）结构架体自重（只计横、立杆）单肢立杆：

$P_1 = Ht_1 + 2t_2 \times H/h = 14.4 \times 164.8/3 + 2 \times 36.3 \times 14.4/1.2$

$= 1662.2 \text{N}$

（2）最大拉力计算

$N_{max} = w_{v1} + 6w_v = 0.2437 \times 1.2/0.9 + 6 \times \dfrac{4}{3} \times 0.2514$

$= 0.3249 + 2.0112 = 2.3361 \text{kN} > P_1$（不合格）

2. 第二种工况计算

(1) 底模自重（采用组合钢模板，标准荷载 $0.75kN/m^2$）
单肢立杆重：$0.9×0.9×0.75=0.6075kN$
(2) 模板上钢筋重量（$0.5kN/m^2$）
单肢立杆重：$0.9×0.9×0.5=0.405kN$
(3) 最大拉力计算
$N_{max}=w_{v2}+6w_v=（0.2437+0.3656）+2.0112=2.6205kN$
(4) 立杆压重合计：
$P_2=1662.2+607.5+405=2674.7N>N_{max}$ （合格）

5.5.5 几点讨论

（1）风荷载倾覆的问题是本规范提出的一个新概念，但是它给我们的教训已经不少，尤其应注意室外搭设的高窄型模板支撑架。过去木脚手架在使用时需加设缆风绳来保证架体的稳定，近年来几乎见不到缆风绳的应用，造成倒塌事故增加，这个教训值得吸取。

当然，对高窄型支撑架加设斜杆保证其几何不变性更是不可忽略的，除此之外通过结构计算来验证安全性也是极为重要的方法。

（2）本规范所提出的两种工况验算的方法，是否能合并为一次计算，对此值得讨论。显然，第一种工况风荷载值虽然略小，但平衡拉力的压重只有架体，自重似乎偏小，因此很难合格，以本实例计算结果看也是如此。第一工况不合格，第二工况才达到要求。而且第一工况不合格也不便采取其他措施加以解决。

（3）本规范是初次编制，没有更深入地研讨细节，譬如说风吹的方向只能是一个方向，当从反方向吹来时，情况又会不同；再如斜杆布置方法是多种多样的，不同的斜杆布置会带来完全不同的结果，因而尚需广大读者应用时进行创造性的分析，使其取得更圆满的结果。

第6章 碗扣式钢管架荷载试验

6.1 概述

建筑施工架的结构试验问题一直受到专家们的重视，以碗扣式钢管架为例，早在其申报专利之时，即已做了首次结构试验，1986年由铁道部第三工程局科研所进行了节点强度实验和井字架整体结构的荷载试验。到1989年由星河机器人公司与北京住总集团又做了双排脚手架的试验。这些试验对该钢管架的技术发展取得了重大推动作用。但是由于当时对该结构的计算理论认识尚不成熟，试验还存在着许多不足之处。这次在新规范编制之际由规范编制小组与清华大学土木水利学院结构试验室互相结合再次做了碗扣架双排脚手架的结构试验，对碗扣架规范起到了试验验证的作用，达到了保证安全的目的。

这次结构试验的进行是在"规范"经过专家审定会之后进行的，因而可以说是目的明确，针对性强。对专家们所提的意见和疑虑给出了科学的回答，也证明了这次规范编制的指导理论是正确可行的，为规范的顺利颁布铺平了道路。

本次结构试验的指导思想是：理论联系实际，理论和实践相结合。由于试验的目的是"结构计算"，这是建筑结构目前最通用，也被大量实践所证明的。由于建筑结构体形高大，荷载繁重，因而无法采用试验方法来进行结构设计。因而结构设计的方法采用的是理论分析的方法（也就是结构力学的主体内容），然后通过局部或小体量的试验加以证明。因而在结构试验之前首先要有计算理论依据，这就是试验的关键。最近以来有几个大学都做了脚手架的结构试验，但是效果并不明显，原因就在这里。其次就是试验的数据应当以承载力和变形为主。因为结构力学到目前为止仍然是通过力和变形进行数学计算的，也就是弹性体力学。试验所得的力和变形的数据与计算结果相对比来证明计算是否合理或正确，这是唯一可行的方法。目前多数采用电脑计算，引入有限元法，由软件来计算，但是这些软件时常忽略了结构构造的基本假设（节点的铰接与刚接问题）因而无法分析计算结果。此外就是计算的模型与试验的结构并不一致，影响了相互验证的效果。

　　本次碗扣架结构试验首先是明确了结构计算简图，在保证其几何不变性条件下（结构计算的基本条件）来开展结构试验的。

　　结构试验的直接目的就是验证整套结构计算的结果与试验结果是否一致。试验与理论计算验证的主要有两点：一是结构承载力（它是架体倒塌的主要依据）；二是结构在荷载作用下的变形形态是否与理论计算一致。在此基础上还对结构杆件有关的应力、应变进行了测量。此次试验的要求是理论结果与试验结果直接对照作为规范的依据。

　　除了直接目的之外，对评审专家提出的问题适当地予以解决，如节点刚性对计算的影响；无连墙件立杆对承载力的影响；水平斜杆设置的影响；悬臂顶杆计算方法等也做了对比试验。

　　本章除介绍和分析这次最新科技成果之外，为能了解和比较碗扣式钢管架各次试验的有用结果，在最后一节中列出井字架和双排脚手架结构试验结果供参考。

6.2　双排脚手架试验方案

6.2.1　试验目的

　　目的在于检验按照节点铰接的理论假设下，脚手架承载能力（极限承载力）与理论计算是否一致；脚手架在垂直荷载作用下的变形（立杆挠度曲线）与理论分析是否一致。以上两项主要测定的数据是极限承载力和受压杆中点处的挠度。除此之外还在关键处测定了受压立杆的应变（或应力）。主体结构的试验方案共有 5 个，在试验过程中又增加了另一项，即"顶杆"受压极限荷载的试验。

6.2.2 主体结构的构成方案

主体结构采用双排立杆横向间距 1.2m，纵向间距 1.5m，步距 1.8m，连墙件的水平间距 4.5m，共 6 跨，顶部用千斤顶加荷（图 6-1）。

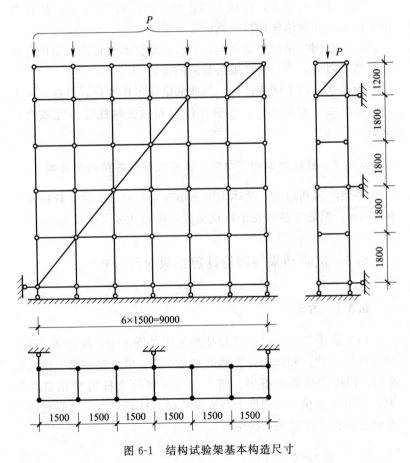

图 6-1 结构试验架基本构造尺寸

对上述结构进行荷载试验主要有以下 5 个方案：

（1）普通的双排脚手架，连墙件间距为 3.6m 时，脚手架极限承载力和立杆的挠曲变形。

（2）结构情况与第一方案相同，但在连墙件标高处，增加水平斜杆，使无连墙件立杆形成支点。确定其极限承载力，并检验立杆挠曲变形的变化。

（3）结构与第一方案相同，但在最下端立杆中点增加水平荷载。检验轴向力与风荷载共同作用时其计算公式的正确性。

（4）按第一方案，但最下端连墙件间距改为 5.4m，但在两排立杆间增加廊道斜杆检验其极限承载力。

（5）结构与第四方案相同，但在连墙件水平标高处将内外横杆间增加斜杆，检验其极限荷载值的变化。

为了达到以上试验目标，架体的整体不作变化，只在每一个试验之后调整水平斜杆、连墙件位置和廊道斜杆即可完成全部试验。

6.2.3　最后增加的"顶杆"荷载试验，为第六个方案

将架体落到地面，架体为田字形布置，只是中间立杆挑出架体 0.9m，然后在顶端设千斤顶加载，检验其极限承载力。

6.3　试验结果与理论计算结果对比分析

6.3.1　方案一

（1）脚手架破坏时的外排架变形图如图 6-2。其形状是第 7 轴立杆呈 S 状，和理论计算结果完全一致；第 4 轴和第 1 轴也呈 S 形，但挠度值要小得多；而 4 根无连墙件立杆的变化差异较大，但可看出在一定程度上与有连墙件立杆相一致，说明它还是受到连墙件立杆的很大约束。

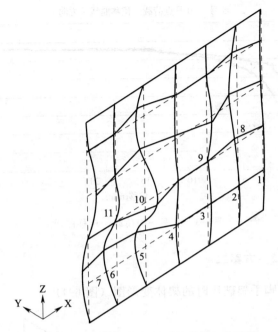

图6-2 方案一脚手架破坏时的外排架变形图

(2) 荷载—挠度曲线

脚手架顶端所加荷载为垂直坐标，立杆横向变形为水平坐标。荷载—位移曲线如图6-3所示。所量测的杆件为无连墙件立杆。测量点5号为连墙件中点；10号点为连墙件标高处。选用该数据是因为它是挠度变形最大的立杆，也是造成架体整体破坏的起始杆。

从荷载—位移曲线可以看出，试件工作状态分为三个阶段，荷载<40kN时，为弹性工作阶段；荷载在40~60kN时，为弹塑性阶段；荷载>60kN时，进入屈服阶段。试验的极限荷载为67kN，是计算极限荷载28kN的2.39倍。

(3) 此结果证明，双排脚手架按铰节点计算是偏于安全的，计算理论和试验结果是一致的。破坏的发生是在无连墙件立杆，极限荷载较理论值大得多。

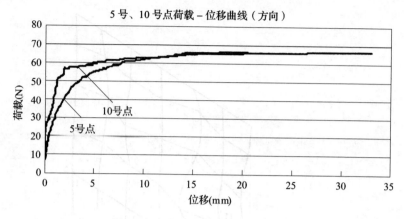

图 6-3 方案一的荷载—位移曲线

6.3.2 方案二

（1）脚手架破坏时的架体变形图（图 6-4）。

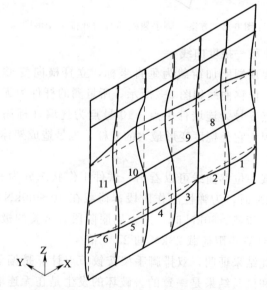

图 6-4 方案二脚手架破坏时的架体变形图

试验结果证明立杆在垂直荷载的作用下，全部形成 S 状变形，与理论计算结果一致。在连墙件标高处内外横杆间加设斜杆形成的水平桁架，相当于给无连墙件立杆增加了支点，即无连墙件变成了有连墙件的立杆。

（2）荷载—挠度曲线

试验结果，其荷载挠度曲线如图 6-5 所示。

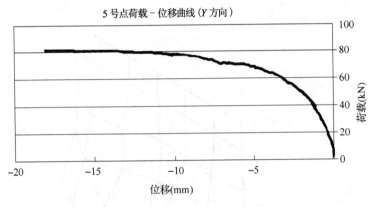

图 6-5　方案二的荷载—位移曲线

荷载位移曲线仍可分为：弹性工作阶段（荷载 $P<50 \text{kN}$）；弹塑性工作阶段（荷载 P 在 $50\sim80\text{kN}$ 之间）和屈服阶段荷载 $P>80\text{kN}$。这里弹性工作阶段有一些非直线性的变化，这是由于所试验的立杆在第一次试验之后有残余变形造成的。试验的极限荷载为 82kN，较计算结果 28kN 大 2.93 倍。

（3）此结果说明，增加了水平斜杆，改善了无连墙件立杆影响的因素，可以增加极限荷载（82/67=1.22）约 22% 左右。

6.3.3　方案三

为了解决风荷载在立杆中产生弯矩时的情况，在最下两连墙件间增加横向荷载。试验时采用了垂直荷载及水平荷载分别进行的办法。加荷顺序如下：

第一段：将垂直荷载加荷到22kN，也即压应力为
$\sigma_P = 235 - 45 = 190 \text{N/mm}^2$。

第二段：加水平荷载从 0.45kN→1.8kN，弯曲应力为
$\sigma_M = 45 \to 180 \text{N/mm}^2$。

第三段：垂直荷载从 22kN→53kN。

(1) 此试验的架体变形如图 6-6 所示。可以看出最大位移发生在横向加荷点。

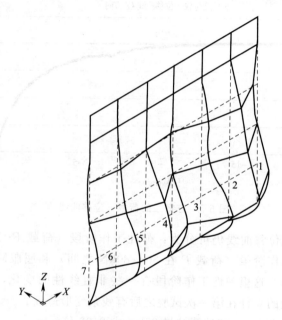

图 6-6 水平荷载—位移曲线图（3号点）

其变形值较垂直荷载大。

(2) 水平荷载—位移曲线如图 6-7 所示。

此变形曲线接近直线，只表明第二阶段水平荷载加荷时的情况。此时的弯曲应力已达到极限数值的 4 倍，该立杆并未破坏，再加垂直荷载到 53kN 时才达到破坏。此阶段的荷载—位移曲线如图 6-8 所示。

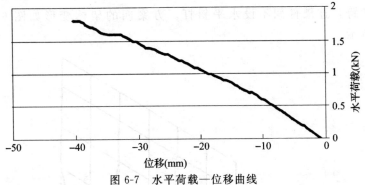

图 6-7 水平荷载—位移曲线

3号点竖向荷载-位移曲线(Y方向)

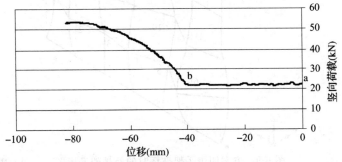

图 6-8 垂直荷载加荷阶段荷载—位移曲线

注：从 a 点到 b 点，每列立杆承受的水平荷载从 0kN 增长到 1.8kN，b 点后水平荷载一直保持 1.8kN。

（3）从整体来看，垂直荷载与风荷载联合作用的情况采用压弯计算公式计算，其结果与试验是一致的。

6.3.4 方案四

（1）试验四的结构与前三个试验的不同点是拉墙件的垂直距离改为 5.4m，试验目的在于当立杆计算长度超过 3.6m 之后，在双排立杆间增设斜杆，使立杆保证几何不变条件，这样立杆的计算长度就改为步距了，验证极限荷载是否与理论计算结果相一致（此时的立杆计算长度变为 1.8m）。

此一试验方案与试验五的区别在于：连墙件横向距离为

三跨，连墙件间不设水平斜杆。方案四的架体变形如图6-9所示。

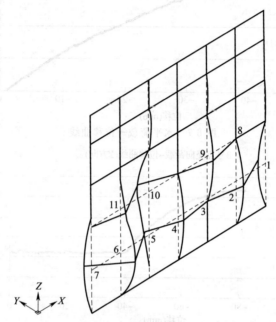

图6-9 方案四脚手架破坏时的外排架变形图

（2）结构整体变形与极限荷载

方案四的荷载—位移曲线如图6-10所示。

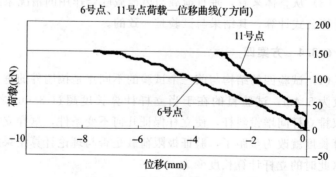

图6-10 方案四的荷载—位移曲线

(3) 由结构变形图 6-10 来看,有连墙件立杆的最大变形并不在中间两个节点,但是从表 7 的记录来看是测量的数值不全导致的。该三根立杆上只有 1、4、7 三处设了测点,而在另外 3 点没有测点。说明另外三个测点处位移并非是零,而所绘的图都把另外 3 号点标为零是不正确的。

从变形测量上,可以明确的看到其挠度值很小,只有 1~4mm(只有个别一个点达到 7mm),可以看出,廊道斜杆的作用已使双立杆形成了组合式(桁架式)的立杆,与理论上的假设是一致的。

从极限荷载值来看,不论是 6 号点还是 11 号点,其极限荷载值都是 150kN。此结果与单肢立杆承载力按计算长度 l_0 = 1.8m 计算相比较的结果如下:

1) 长细比 $\lambda = 180/1.59 = 113.2$,$\varphi = 0.496$
2) 截面积 $A = 424mm^2$(管壁厚度为 3.0mm)
3) 单肢极限承载力:$N_{cr} = \varphi A f = 0.496 \times 424 \times 235 = 49421.44$(N)

4) 试验值与计算值之比:
$$\frac{150}{N_{cr}} = \frac{150}{98.842} = 1.52$$

(4) 由以上极限承载力的计算可知:廊道斜杆的设立,保证了整体结构的几何不变条件,同时由于缩短了立杆的计算长度而大大提高了单肢承载力(约 3 倍),按照缩小了的立杆计算长度计算,试验结果仍有 52% 的安全储备,因而是可以保证安全的。

6.3.5 方案五

(1) 方案五的结构构成与方案四基本相同,也就是连墙件的垂直距离为 5.4m,双排立杆间全部设置廊道斜杆。其不同点是在连墙件间、内外水平横杆间加设水平斜杆构成水平桁架,给无连墙件立杆增加了支撑点,可检验水平斜杆的作用。

（2）结构整体变形与极限荷载：该方案结构破坏时的外排架变形如图 6-11 所示。

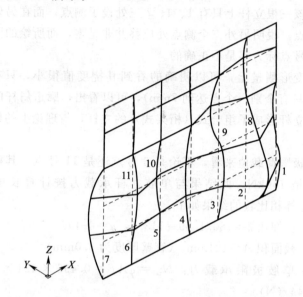

图 6-11　方案五脚手架破坏时的外排架变形图

方案五的荷载—位移曲线如图 6-12 所示。

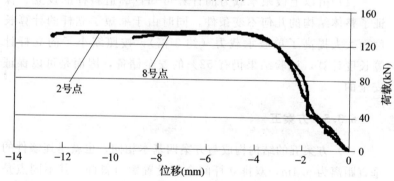

图 6-12　方案五的荷载—位移曲线

（3）该试验排架变形图的情况不够一致，以连墙件立杆为例：1轴变形为S形；4轴变形为单波形，但波幅数值较小；7轴变形也为单波形，但波幅较大。说明水平斜杆的作用对立杆的变形产生了影响（这是因为水平斜杆的连接不够规范，有的连接在大横杆上，有的连接在小横杆上）。在这个试验中，最大影响是立杆的接头。立杆在计算上未考虑接头处的影响，仍认为是连续的，而实际上由于接头的塑性变形，形成了铰。实际破坏是由该处的突出而破坏。

除变形图之外，极限荷载为134kN，也就是比方案四小了10.7%。因此可以得出以下结论：水平斜杆的增加，对极限承载力的提高并无明显的负影响；而在立杆的计算中应考虑到接头的影响，或采取立杆接头加强措施。故在通常的情况下，按规范计算仍然是可以保证安全的。

6.3.6 方案六

（1）方案六的试验目的是检验模板支撑架"顶杆"即挑出架体上端的独立杆受压时的极限承载力及破坏形态。根据结构力学的分析，挑出的顶杆如同下端固结、上端自由的中心受压杆，其极限承载能力可按计算长度系数2.0进行计算。

（2）从方案六的结果可知，试验所得极限荷载为100kN。按理论计算结果为50kN，试验结果比计算结果大一倍。实际上仍未有太大变形，即没有达到真正破坏。究其原因是上端实际上不可能达到自由悬臂，有很大的摩擦力，不能自由变形。

（3）顶杆按照一端固结、一端自由来计算是足够安全的。

6.4 试验结果综合评价

6.4.1 试验结果

双排碗扣式脚手架承载力试验结果　　　　表 6-1

方案	计算长度	计算极限荷载（kN）	试验极限荷载（kN）	破坏形态	加载方式与斜杆布置方式
一	3.6	28	67	无连墙件立杆发生面外屈曲导致脚手架破坏	竖向荷载作用，无水平斜杆
二	3.6	28	82		竖向荷载作用，连墙件高度位置加水平斜杆
三	3.6	22	53		水平荷载和竖向荷载共同作用，无水平斜杆
四	5.4	100	150		竖向荷载作用，每列立杆每步设廊道斜杆，无水平斜杆
五	5.4	100	134		竖向荷载作用，每列立杆每步设廊道斜杆，连墙件高度位置加水平斜杆
六	0.9	50	100	悬臂端屈曲	对每根立杆单独加载

注：1. 以上荷载均未包括加荷设备重。"每列立杆"指两根立杆；
　　2. 计算极限荷载指根据欧拉稳定原理按单杆进行分析时得到的极限荷载；
　　3. 方案三加载方式：加双肢竖向荷载至 22kN，然后在 1.8m 处加水平荷载至 1.8kN，最后加竖向荷载至试件破坏；
　　4. 方案三中极限荷载指在每列立杆均在 1.8m 高度承受 1.8kN 水平荷载作用时的竖向极限承载力；
　　5. 方案六中 0.9m 指上部悬臂端长度。

6.4.2 总体评价

本次结构试验是在有明确计算理论指导下的全面的、较为成功的结构试验，为碗扣式脚手架规范的编制提供了必要的变形与极限承载力的数据，对脚手架和模板支撑中存在的主要问题都作了科学的探索。

对于碗扣式脚手架来说，1986年由太原铁三局工程试验室做了井字架试验，虽有铰接结构理论的概念，但对几何不变问题考虑欠佳，所做的五个方案中只有两个采用四面斜杆满足几何不变性，其他三个方案不满足几何不变条件。1989年由星河机器人公司与北京住总集团共同做的双排脚手架试验虽然以铰接结构为理论指导，也完全符合几何不变性要求，为碗扣架的结构计算奠定了基础。但由于只做了连墙件距离为1.8m和3.6m两个方案，应该说只是一个基础性的试验。本次试验在原有两个试验的基础上，对双排脚手架的结构计算进行了较全面、深入的探讨，同时对模板支撑架也进行了初步探索。

6.4.3 本次结构试验的一个不足之处

本次结构试验的一个不足之处是斜杆的长度不够规范，应该使斜杆的连接尽量靠近节点中心（由于碗扣处于中心，因而不可能达到完全的中心传力）。但是由于事先考虑不周，斜杆连接离节点中心的偏差有的偏大，因而实际上改变了中心受压杆的计算长度。总体来看，其结果都是计算长度缩短，因而极限荷载试验所得的结果都是偏大。这也是全部试验安全储备从1.34到2.39的基本原因，但是从工程实际应用来看是有好处的。

6.4.4 试验取得两个意外的收获

此次试验除原有目标外，还得到了未曾预计的结果：一是立杆的接头在原理论计算中视为连续的是不完全正确的；二是立杆在连墙件处视为铰接是偏于保守的。从第一个情况来看，它主要表现在方案二中，影响了其破坏变形的形态，也影响到了极限承载力，因而碗扣式脚手架立杆长度的模数值得讨论，以减少其发生问题的可能性；其二是应进一步改善立杆接头的构造，以尽量达到接近连续的条件。

关于立杆在连墙件处的铰接偏于保守，这是由极限荷载试验结果看出来的。因为共 5 个试验方案。除去方案二（是与方案一的对比试验）和方案五（是与方案四的对比试验）之外，拿方案一、三、四对比的话，第一方案安全储备 139% 比另两方案（100% 和 52%）大了很多，这说明在第一方案中，立杆连接点处为铰接的假设偏于保守。结合规范编制过程中专家们提出的意见，以及扣件式钢管架节点半刚性的假设来分析，立杆在连墙件处确实存在一定的刚性，这种刚性以上下为连续（如连续梁一样）最为适当（图 6-13）。也就是在轴心受压时，在连墙件处上端对下杆有弯矩约束，下端对上杆也有弯矩约束，使压杆的挠曲变形缩小，因而提高了立杆的实际承载能力。由清华大学的研究生易桂香按照结构力学的稳定理论进行的理论计算也证明确实如此。

6.4.4 由于结构力学的稳定理论不为大家所熟知，现将易桂香的证明并列于下（其主要参考依据是陈骥教授的《钢结构稳定理论与设计》）：

如图 6-14 为中心受压杆（两端承受压力 P）的微分隔离体受力图，由此建立力矩和剪力平衡方程。

$$Q_x - \left(Q_x + \frac{dQ_x}{dx} \cdot dx\right) = 0 \tag{6-1}$$

$$M_x + Pdy + Q_x dx - \left(M_x + \frac{dM_x}{dx} \cdot dx\right) = 0 \tag{6-2}$$

由式（6-1）得

$$\frac{dQ_x}{dx} = 0 \tag{6-3}$$

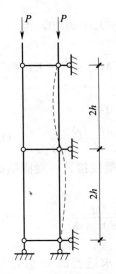 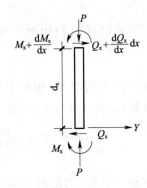

图 6-13 立杆的连续性　　图 6-14 立杆微分隔离体受力图

由式（6-2）得

$$Q_x = \frac{dM_x}{dx} - P\frac{dy}{dx} \quad (6-4)$$

将式（6-4）代入式（6-3）得

$$\frac{d^2M_x}{dx^2} - P\frac{d^2y}{dx^2} = 0 \quad (6-5)$$

根据梁的弯矩与挠度关系式可知：

$$M_x = -EI\frac{d^2y}{dx^2}, \quad EIy'''' + Py'' = 0 \quad (6-6)$$

令 $k^2 = P/EI$

式（6-6）是适合任何边界条件的轴心受压构件的四阶微分方程，其通解为

$$y = c_1 \sin kx + c_2 \cos kx + c_3 x + c_4 \quad (6-7)$$

上述通解中 4 个积分常数可由构件两端的边界条件确定。明显的，两端都是连续时，所得的极限荷载会偏大；而当一端连续、一端铰接时所得结果会偏小，现以后者计算。上端转动的弹性刚度为 γ，则

铰支端：$x=0$ 处，$(y)_{x=0}=0$，$(y'')_{x=0}=0$，得 $c_2=0$，$c_4=0$；

连续端：$x=l$ 处，$(y)_{x=l}=0$，$(M)_{x=l}=-EI(y'')_{x=l}=\gamma(y')_{x=l}$，

得 $c_1[(pl+\gamma)\sin kl - l\gamma k\cos kl]=0$

$$c_1 \neq 0, \quad \therefore \tan kl = \frac{l\gamma k}{pl+\gamma} = \frac{l\gamma k}{EIk^2 l+\gamma} \quad (6-8)$$

式中取 $\gamma=3EI/l$（γ 相当于位移法中一端铰接、一端固结的角刚度系数），代入式 (6-7) 得

$$\tan kl = \frac{\gamma kl}{\frac{3\gamma(kl)^2+\gamma}{3}} = \frac{3kl}{(kl)^2+3} \quad (6-9)$$

方程 (6-8) 为超越方程，实际上是求适当的 kl 值以适合此方程，其坐标图形如图 6-15。其中曲线 1 为 $\tan kl$，曲线 2 为 $\frac{3kl}{(kl)^2+3}$，求得两曲线的交点为 $kl=3.73\approx 1.188\pi$，极限荷载为

$$P_{cr} = \frac{\pi^2 EI}{(\mu l)^2}$$

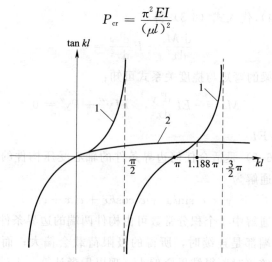

图 6-15 kl 曲线求解图

式中 μ 为欧拉公式中的长度系数。

$$\mu = \frac{1}{1.188} = 0.84 \qquad (6\text{-}10)$$

以上是按照结构力学理论的推导过程，其物理意义是当中心受压立杆一端为固接（连续），另一端为铰接时，由于固结刚性的作用使极限荷载提高，其提高值相当于将立杆的计算长度缩小为原值的 84% 时的结果。

这一理论推导结果与试验结果也是一致的，也就解释了方案一安全储备系数超过 100% 的原因。

规范第 5.3.2 条第 1 款中"当连墙件垂直距离小于或等于 4.2m 时，计算长度乘以折减系数 0.85"即来源于此。

6.5 顶杆结构试验与 $h+2a$ 公式

6.5.1 顶杆问题的出现

碗扣架在作为脚手架应用时，并无"顶杆"问题。此问题的出现是碗扣架作为模板支撑架时才有的。通常在支撑顶板模板时，由独立的单杆来支承上面的 U 形插座，其上用来固定方木或其他横梁。这种构造本无特殊之处，但单杆长度过长显然会影响其承载力。例如北京西西工程模架的倒塌事故，其最上端的顶杆长达 1.8m，被认为是倒塌的一个原因，也因此成为规范编制中一个问题予以研究。

关于顶杆的问题英国规范是最为明确的，它是将顶杆的长度与立杆的节点间长度相结合提出了 $h+2a$ 这个公式，也是国内广泛应用的公式。它的基本概念是将顶杆长度的 2 倍加下部立杆的节间长度作为该立杆的计算长度，这一计算方法从理论上来看并不合理。最大的不合理是不能充分反映顶杆长度的影响，从而成为不明确的力学概念。

根据铰接计算方法，架体立杆的计算长度已由其整体结构确定,不应再纳入立杆计算中。而悬出架体的顶杆,实际上可以视为下端固结(下面与立杆是整体杆)、上端自由的中心受压杆。这种杆件的计算长度系数为2.0,因而采用这一公式肯定是合理的。本次的结构试验方案六即是按照这一计算理论进行的,结果证明其足够安全。

6.5.2 实体试验的优缺点

本次结构试验采用了碗扣架的实体进行试验,其优点是试验结果可直接应用于工程实际,具有直观和令人信服的效果,现场工作人员易于接受。但是也应看到实体与理论计算之间会出现不同程度的偏差,因为实物本身与理论计算的假设不可能完全一致。其中影响较大的是节点的假设,节点假设为"铰",实际上它并不完全是铰,自然会带来误差;其次一个主要影响就是杆件的计算长度,由于节点处为碗扣,因而杆件的中心线通常不能通过节点,就给杆件长度带来了偏差,这样中心受压构件的试验结果也会相应出现偏差。

除了以上试验与理论的偏差之外,还有的试验与理论有差距,如顶杆的试验,原假设上端是自由的,而试验中上端的加载板顶住杆件上端,根本不能自由运动。因此最好再进行一些精确度较高的理论试验,用以校正实体试验的不足。

6.6 结构试验与有限元法

6.6.1 结构试验

由于建筑施工架事故的频发,已引起各方面的重视,尤其是有关的工程学院,除了对脚手架进行理论研究之外,把结构试验作为研究课题的也不少。我们有幸接触到其中的一些试验报告,感到这些试验研究中还存在着一些误区,因而其效果不明显。试验当中最主要的误区有两个:一是没能将结构试验与计算理论相结合，因此无法判断理论的正确性或提出明确的改进意见，其中最主要的问题是试验之前并无明确的理论指导，因而不能达到预期的效果；第二个问题是没有将试验的数据明确地列出并作出分析，有的甚至不给出最后的数据，使试验结果很难应用。

6.6.2 关于有限元法

电算法在我国的发展已取得巨大进展，尤其是在建筑结构的计算中已占据主导地位，最近所接触到的脚手架结构试验也多采用电算法，在电算法中应用较多的是有限元法。根据通常电算的规则可知，有限元法的基本原理是将结构整体分解为有限个单元，然后列出每个单元力的平衡方程式，根据各单元连接处力的相等条件以及变形协调条件，列出相应的方程式，将多个平衡方程，变成协调方程联立求解，达到求出杆件内力的目的。显然这个方法对电脑计算来说理论上不存在问题，但实际来做的话，虽然是有限元，但其方程的数量依然是很庞大的，因而应用起来并不很方便。目前所看到的有关脚手架试验都未将整个过程给予详尽的叙述（达到可应用的地步），而所得出的结果也是不清楚的。这就使人产生疑问，即有限元法到底是否可用。例如最简单的一个脚手架架体，首先应有计算简图，并确定节点的连接性质（刚接或铰接）之后才能计算。如果这些基本条件没有确定，电脑如何计算？

脚手架结构计算采用计算机是大势所趋，但是还需要进一步研究，将它具体化，以达到可用的程度。

6.7 碗扣式钢管架"井字架"和"双排脚手架"试验

6.7.1 井字架试验

（1）概述

由铁道部第三工程局科研所做的"WDJ 碗扣型多功能脚手

架试验"是在该种脚手架研制阶段所做的鉴定性试验。该试验按照铁道部专业设计院的设计图纸，由铁三局孟塬工程机械制造厂在1986年3月至6月先后在太原铁三局工程试验室和孟塬机械厂进行了试验。试验内容很全面，从下碗扣极限剪切强度、上碗扣偏心抗拉强度、立杆可调支座承载力乃至结构整体强度都进行了试验验证。现仅就其整体结构试验情况进行介绍，并对其进行结构分析。

（2）试验方案

试验采用了四根立柱的井架结构，平面尺寸采用矩形（120cm×180cm，120cm×120cm），步距分别采用了1.2m和1.8m，步数采用5步和7步。加荷方法采用液压千斤顶曳引钢丝绳的形式（图6-16）。采用两台应变仪分别测定钢丝绳拉力和立柱下端应力；另外设两台经纬仪测定架顶水平和垂直位移。试验按照步距及斜杆设置的不同分为五种方案。

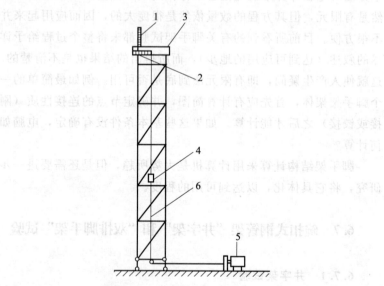

图6-16 碗扣型脚手架井字架试验图
1—垂直位移标尺；2—水平位移标尺；3—加载框架；
4—力传感器；5—加载千斤顶；6—钢丝绳

（3）试验结果

5个试验方案的具体情况及结果如表6-2所示。

碗扣型脚手架井架结构试验结果表　　表6-2

方案号	1	2	3	4	5
尺寸及结构组成	180×120×180	180×120×180	120×120×180	120×120×120	180×120×180
井架层数	五层	五层	五层	七层	五层
斜杆设置	双侧斜杆	双侧斜杆	四侧斜杆	双侧斜杆	四侧斜杆
极限荷载（kN）	153	129	242	179	351
破坏形式		$\Delta=256$	Δ_{max}	Δ_{max}	
备注	一立杆接头断裂	失稳跨中挠度达250mm	第4、5节处明显弯曲	弯曲在第4节末顶部向西弯曲	由于加载钢丝绳断裂未达破坏

（4）对试验结果的分析

这个结构试验是在1986年碗扣型脚手架开发初期所做的，显然对该脚手架未来的应用条件还不够了解，对脚手架的整体结构以及几何不变性等并没有充分考虑。但该试验对四立杆为中心受压杆的概念还是明确的，力图用荷载试验结果来验证立杆承载力也是明显的，因此这仍然是一个很有价值的试验，从这个试验里得到两个明确的结果：

1）双侧有斜杆的结构本身是几何可变体系，结果其承载力远未达到其立杆的单肢承载能力，如方案1、2、4。

试 验 结 果 表 6-3

方案	计算长度 (m)	计算单肢承载力 (N)	试验结果 (N)
1、2	1.8	0.489×489×235=56193	38250/32250
4	1.2	0.744×489×235=85496	44750
3	1.8	56193	60500
5	1.8	56194	87750

2）四侧有斜杆的结构（方案 3、方案 5）完全满足几何不变条件，其承载能力与计算结果基本一致，只是略大而已。

1 号方案极限荷载出现时的破坏发生在一立杆接头处，荷载加至 149.6kN 时突然破坏，极限荷载值较低。

2 号方案是将 1 号试验破坏处接头加固再重新加载。当荷载加到 126kN 时，跨中最大挠度达 256mm，形成整体失稳。显然，由于第一次加载后节点扣件已产生松动和变形，其在无斜杆处的计算长度明显加大而降低承载力。

4 号方案顶部产生偏移失稳破坏。由于步距较小（120cm），因而极限荷载较前两方案稍高。从以上三方案试验结果看，当有一侧无斜杆时，在无斜杆方向立杆无明显支撑点，因而承载力都是很低的，不宜作为脚手架的实用结构组合。

3 号方案当荷载加到 150kN 时，第 4、5 节连接处明显向外弯曲。到荷载达 239kN 时因弯曲过大致使整体失稳。此结果说明四面有斜杆构成了几何不变体系，承载能力明显提高，但由于有两面斜杆未安装到结点上，仍然对其极限荷载有很大影响。

5 号方案由于四面斜杆的存在，保证了其几何静定，因而刚度较大，当荷载加至 347.6kN 时尚未失稳，由于加力钢丝绳破断未能继续加载。这说明其极限荷载值肯定超过 351kN。遗憾的是未能改进加荷措施，将试验进行到底。

6.7.2 双排脚手架试验

(1) 概述

1989年在初步推广碗扣架应用的基础上,希望它能在高层建筑中获得应用。由住总集团二公司承建的亚运村汇园公寓为一扇形平面的高层建筑(高达70m),根据初步核算可以采用碗扣型脚手架。为了验证理论计算的可靠性,由北京住总集团科技处与航天部星河脚手架公司合作进行了这次试验。试验委托中国建筑科学研究院抗震试验室进行。

试验的目的主要是考察铰接计算原理的实用性。其中主要有两点:一是验证双排脚手架大面采用每步一斜杆的结构体系的可靠性;二是检验当双排脚手架架横向无斜杆时立杆计算长度为连墙杆竖向间距。

(2) 试验的结构体系与试验方法

试验的结构体系采用了高8.4m的双排脚手架。排距和柱距全部为1.2m;步距采用1.8m(图6-17),连墙杆水平间距4.8m。

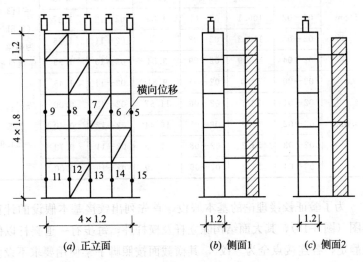

图 6-17 碗扣型双排架荷载试验

试验共进行了两组：连墙杆竖向间距1.8m（图6-17侧面1）及3.6m（图6-17侧面2）。

采用千斤顶加荷，每台千斤顶上装BHR-4荷载传感器，记录荷载值。在第一步和第三步立杆中心安装CY-100型电测位移传感器，测量其横向鼓出位移。通过UCAM-8BL万能数字测量系统自动打印记录试验结果。

（3）试验结果

两组试验的整个加荷过程未见到明显的变形出现（但从立杆侧位移的记录可以看出侧位移随荷载的增加而增大）。破坏是突然发生的，整个架子产生了突然倾斜，千斤顶脱位不能继续加荷，这表明是立杆失稳而破坏。荷载变形记录见表6-4。

破坏荷载及极限变形记录 表6-4

连墙杆间距	破坏荷载（kN）		位移（mm）		位移（mm）		平均总荷载（kN）
	测点号	测量值	测点号	测量值	测点号	测量值	
1.8m	02-00	110.2	02-05	3.01	02-14	0.89	111.3+2.5=113.8（2.5kN为横梁千斤顶总重）
	02-01	113.5	02-06	2.02	02-13	0.39	
	02-02	106.1	02-07	4.89	02-12	1.37	
	02-03	112.2	02-08	0.50	02-11	1.66	
	02-04	114.9	02-09	3.84	02-10	1.39	
3.6m	02-00	53.0	02-05	9.81	02-14	1.45	52.4+2.5=54.9
	02-01	53.1	02-06	11.57	02-13	0.00	
	02-02	49.6	02-07	16.44	02-12	0.40	
	02-03	53.2	02-08	11.85	02-11	0.72	
	02-04	53.2	02-09	15.69	02-10	0.00	

为了验证铰接理论的基本假设，首先列出铰接基本假设的计算简图（图6-18），其大面结构除立杆及横杆外，每步有一道斜杆以保证静定，各连接点全为"铰"，其横截面按照脚手架使用要求不设斜杆。这样，当连墙杆竖向间距为1.8m时，其横向计算长度 $l_0=1.8m$；

而当连墙杆竖向间距为3.6m时,其横向计算长度即为3.6m。

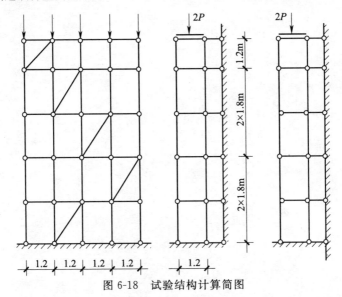

图 6-18 试验结构计算简图

按照上述结构,考虑破坏时,钢材应力达到屈服点,$f_y=240\text{N}/\text{mm}^2$,极限荷载的理论值为 $P=\varphi A f_y$,求得的结果与试验结果对照列于表6-5。

极限荷载的理论值与试验值对比表　　　表 6-5

序号	连墙杆间距	$\lambda=l_0/i$	φ	理论值 $P=\varphi A f_y$	试验值（kN）
1	1.8m	113.9	0.47	55.159	56.9
2	3.6m	227.8	0.14	16.430	27.45

从表6-4所得到的结果说明,当连墙杆间距为1.8m时,试验结果与理论结果完全一致;而当连墙杆间距为3.6m时,试验结果与理论结果相比约高出1/3强。分析其原因有二:一是连墙杆采用的 φ48mm×3.5mm 钢管与抵抗墙采用扣件连接的刚度较大,不能像滑动支座一样分担相应的垂直荷载;二是在制定折减系数 φ 值时,因长细比 λ 超过200,为保险起见,可能选择了较大的安全系数之故。

第7章 碗扣式钢管架的结构构造

7.1 概述

建筑施工架搭设的基本规则是具有重要意义的。杉槁脚手架时代其结构构造的基本原则就是以保证架体整体稳定为主要条件。碗扣式钢管架当然也应把这个基本构造原则作为自己保证安全的基点，只不过这些基本原则要比原来提高一步，是建立在结构力学理论的基础之上。新的规范主要理论要点是结构整体的几何不变性和中心受压杆计算长度的限值。关于几何不变性的问题主要是斜杆的设置，除了主体结构斜杆的设置条件之外，又提出了廊道斜杆和水平斜杆等新的要求。

7.2 双排脚手架允许搭设高度

规范中表6.1.1的数据可以清楚看到搭设高度与结构构造几何参数（如步距、横距和纵距）以及基本风压值之间的关系。该表的数值是连墙件竖向间距为3.6m时计算的结果。连墙件竖向间距是计算立杆承载力的关键数据。

7.3 双排脚手架立杆接头

双排脚手架立杆接头采用交错布置（6.1.4条）是为了保证立杆是连续的结构计算条件，其结果会影响立杆承载力，对此应当予以重视，而忽视这种安排对结构承载是不利的。这次结构试验中的方案五，最后是由于接头凸出而破坏（因为试验没有遵从这一条件，接头处在同一标高处）。

除此之外，在施工中应当注意立杆接头处的销钉必须销好，以保证立杆的连接性。

7.4 斜杆采用八字形设置

本规范结构基本原理说明了斜杆设置的重要性，但是斜杆必须依靠扣件才能与立杆或横杆形成一体。如若不能达到这一条件，立杆结构的整体性就会改变。除影响到整体几何不变性之外，还会改变立杆的计算长度，也就是改变了结构的承载力，这是绝对不允许的。根据前一段现场观察，十字盖等斜杆多数中间有虚扣（无扣件），这也是架体倒塌的原因之一。过去钢管架在十字盖的作法上，多延续了杉槁脚手架的作法，斜杆之间有搭接，与立杆横杆之间也有搭接，造成了杆件在节点处重叠（此问题在扣件式钢管架更为严重），使得节点处连接不实。

为了解决这一问题，碗扣式钢管架将斜杆按八字形布置，扣件接头要错开，这是一个新举措，在实践过程中要逐步适应，纠正过去的习惯做法。实际上八字形斜杆也可采用倒八字，将正八字与倒八字相结合仍可形成米字形，与原有的十字盖相似。这里应当注意的是保证扣件牢固相接，形成真正的结构节点。

7.5 关于双排脚手架斜杆设置的要求

按照理论要求每一层有一斜杆即可保证几何不变性，但是在构造要求上的规定是两端都应有斜杆，以增加结构的安全度。当架子的长度过长时，中间还要增加斜杆的设置。就如规范6.1.5条所规定的，当架子高度≤24m时，每5跨设置一组；高度＞24m时，每3跨设置一组。对于高而窄的架体，无法采用两端斜杆时，可采用正、背面交错的办法予以解决。

7.6 模板支撑架的斜杆设置

(1) 模板支撑架是由平行的数排架子组成，因而为了保证每排架子都为几何不变体系，每排每列都应设置斜杆，如采用单斜杆方式可采用交错布置，例如一个从东向上斜，一个由西向上斜，形成整体均匀的结构体系。

(2) 由于斜杆的设置在施工中较为麻烦，于是在规范 6.2.2 条的第 2 款中提出了少设斜杆的措施——"当立杆间距小于或等于 1.5m 时，模板支撑架四周从底到顶连续设置竖向剪刀撑，中间纵、横向由底至顶连续设置竖向剪刀撑，其间距应小于或等于 4.5m"。即基本条件是四周边的架体全部设斜杆，但中间的排或列采用间隔布置斜杆。间距最大为 3 跨（每跨≤1.5m），这一规定与结构试验中的无连墙件立杆相似。虽然其承载力比有连墙件立杆低 20%，但按理论计算仍可保证其承载能力，在这种情况下为了提高其安全储备，立杆的计算长度采用 $h+2a$（规范 5.6.3 条）。

7.7 水平斜杆的设置

水平斜杆设置在脚手架结构构造中以前未曾规定，因而从规范角度来讲它是一个新措施。其原因是钢管架作为双排脚手架并不是每根立杆都设有连墙件，无连墙件的立杆在相应的位置上就没有支点，该立杆的计算长度就会是架体全高，其承载能力就会完全丧失。多年钢管架的应用经验告诉我们，在 24m 以下高度的脚手架由于大横杆的相互连接对无连墙件的立杆仍然会产生一定的约束作用，因而按照有连墙件立杆来计算还是可以保证安全的。

本次规范编制中，为了证明这一效果做了两个试验进行对比：一个是无连墙件立杆；另一个是在连墙件标高处，在内外大横杆之间增加水平斜杆，使之构成一两边支承于连墙件的水平桁架。

试验结果证明无连墙件立杆确实受到两侧大横杆约束的作用，因而并非毫无承载能力，但是有水平斜杆的承载能力比无水平斜杆的承载能力提高20%。从压曲变形来看，无连墙件立杆的变形缺乏规律性，即各个方向都有挠曲。基于这个试验结果，在规范的6.1.8条规定"当脚手架高度大于24m时，顶部24m以下所有的连墙件层必须设置水平斜杆。"

除双排脚手架之外，关于模板支撑架在规范6.2.3条也规定"当模板支撑架高度大于4.8m时，端部和底部必须设置水平剪刀撑，中间水平剪刀撑设置间距应小于或等于4.8m。"其目的也是在于加强架体的整体刚度，提高其抗破坏能力。

7.8 碗扣架的斜杆和连墙件

7.8.1 斜杆

碗扣架的应用在我国已有20多年的历史，在使用中有了许多独创的经验，但是唯独未能提出改造性的创新，这是令人遗憾的。碗扣式钢管架原本的构配件很多，如间横杆（两端用U形套与横杆连接）、专用脚手板（两端有套环的钢脚手板）以及专用爬梯等。这些配件利用率低，而被弃之不用。但是通过对斜杆的理论研究已充分显示了其重要性，斜杆的作用值得关注。虽然原有的斜杆可用，但其缺点是必须占有碗扣插头的一个位置，故只能应用于脚手架外侧。另外一个办法是采用旋转式扣件与ϕ48钢管扣接。如能采用两端有扣件的斜杆（本次结构试验的斜杆即是这种），则可在任何条件下应用。当然斜杆的长度应与横、立杆的模数化有关，因而斜杆的开发应当是碗扣式钢管架今后应用的重要课题。

7.8.2 连墙件

双排脚手架不能由设计确定的参数就是连墙件的垂直间距，通常它是由所施工结构的楼层间距决定的，而其数值又不一定符合碗扣架间距的模数，于是给脚手架的结构设计者带来了麻烦。解决这一问题的方法应当从连墙件上想办法，调整其结构形式，扩大连接点的宽度，才能得到很好的效果。

总之，对双排脚手架仍有许多文章要做，有许多课题需要研究，使碗扣式钢管架成为具有中国特色的施工工具。

第8章 构配件及建筑施工

8.1 构配件制作技术标准和产品的质量控制

8.1.1 概述

本规范中第 3 章的主要内容是对碗扣式钢管架的制作材料、制作质量和技术检验提出了相应的规定，在附录 A、B、C 中给出了相应细目条款。这也是建筑施工规范第一次这样的安排。这种安排本来是出于无奈，因为从目前现场情况可知，碗扣式钢管架的产品已处于非初次应用的阶段。主要问题是钢管管壁的厚度普遍达不到 3.5mm，其次是机加工的配件许多已面目全非。冲压件的钢板厚度不足，质量不合格等，更严重的是把原有配件的图纸任意改动，例如上碗扣由于被改短，故无法保持垂直状态。这些问题一时还无法统一。因而规范编制时必须以统一的标准来执行，以保证工程应用的安全。为此决定将有关钢管架的制作和质量标准规定写到规范中作为依据，为现场提供一个标准，也就是说碗扣式钢管架的基础产品质量必须达到本规范的规定，不合格的不可以应用。虽然本规范对构配件质量作了规定，但是这终归是第一次，经验不足，尤其对于使用者的要求可能还有距离，现仅就有关问题提出一些参考意见，供大家讨论。

8.1.2 关于构配件质量控制的方法

碗扣式钢管架的构配件是机械加工产品和钢结构的混合，因而在其质量控制方面应当采用两种产品各自的标准，尤其应该更着重于钢结构方面，因为质量控制的工作主要是现场施工人员在做，所以应使现场施工人员能够掌握。模架公司多属于构配件的加工企业，而构配件的加工主要是两大部分：一是分部零件的机械加工；二是将分部零件装配成整体，变为成品。在机加工零件方面应当实行机加工产品的相应质量标准。以上、下碗扣、横杆插头为例，它们多属于浇铸和冲压件，标准化工艺可以很好地控制质量，采用机加工的标准是极易达到的，质量检验也不难实施。

分部零件加工后的组装主要是采用焊接，属于钢结构加工的范畴，因而应当按照钢结构加工的相应标准来控制，这也是建筑施工企业及人员极易掌握的。以这种方式来解决碗扣式钢管架的质量控制将是行之有效的方法。

为了消灭市场上产品质量不良的情况，将"三个红头文件控制不了扣件质量"的状况彻底改变，本规范在成品规格、偏差标准等方面已作出规定。今后要进一步突出其控制要点。

另外一个应当注意的问题是，钢管架目前大多数采用租赁形式，也就是实际使用的多数是旧产品，因此要建立租赁时质量检验标准。在制定了加工质量标准之后，还要建立租赁质量标准，这是保证碗扣式钢管架使用安全的重要环节。

总而言之，对产品质量问题上，要采取切实有效的措施消灭质量上的缺陷，钢管架的应用才能逐步进入安全可靠的轨道。

8.2 碗扣式钢管架安全应用的管理要求

8.2.1 编制专项施工方案

碗扣式钢管架是现场广泛使用的建筑操作承载体，因而除了要在结构设计上保证其安全之外，最重要的是现场的实际执行情况。再好的设计如果在执行过程中偏差过大或没有严格执行，都可能带来严重的后果，因此应当特别注意其操作及使用管理。

从我国目前现场技术管理情况来看，管理组织比较完善，制度基本齐全，因而为管理创造了基本条件。对于脚手架和模板支撑架来说，其管理大体分为两个部门：脚手架属于安全部门管理；模板支撑架属于技术质量部门管理。因而碗扣式钢管架的技术管理也应分别纳入上述管理体系。从制度来说，脚手架和模板通常都由技术部门编制专项施工方案。对于前者来说应当是本专业独立的施工方案；而对后者来说模板支撑架只是模板专项施工方案的一部分（模板技术方面才是主体，支撑架只是其中附带的内容）。这两个方案都是指导施工的主要文件，是施工现场工作的主要依据，因此要认真对待。

8.2.2 脚手架专项施工方案的主要内容

（1）工程概况：工程概况应当说明与搭设脚手架有关的情况，以便提出结构设计方案。其中主要包括工程结构、建筑平面尺寸、层数、层高、总高度等。不应忽略对施工平面图的研究，如塔吊和外用电梯等与脚手架有关的情况。

（2）绘制与结构总平面相配合的脚手架结构平立剖面图，为绘制结构计算简图奠定基础。

（3）架体结构设计：其中包括结构计算简图和结构计算书。除此之外应包括连墙件的计算和立杆地基承载力计算。

（4）结构构造要点。

（5）现场施工要点：重点是搭设和拆除。

（6）架子的质量检查与验收。

（7）施工及使用安全措施要点。

8.2.3 模板支承架的结构设计计算

模板支承架的结构设计和计算是模板专项施工方案的一部分，并不能把模板设计的全部包括在内，因而只能作为施工方案中独立的一部分。其内容应包括：

（1）工程概况：应说明与支撑架有关的内容，如结构平面图、主楼层剖面图、施工流水步距、每层施工的工期、模板配置层数等，为支撑架结构设计和计算提供相应的数据。

（2）绘制支撑架立杆平面布置图、剖面结构计算简图（其上应包括楼盖梁、板剖面图，以计算垂直荷载），然后列出垂直荷载作用下单肢承载力的计算。

（3）对于室外高窄型模板支撑架应绘制风荷载结构计算简图，并进行风荷载倾覆计算。当架体高度小于10m、架体高宽比大于2时，通常可不进行计算，不满足上述两个二条件时应进行计算。

（4）对结构构造要求以及搭设与拆除提出相应的规定。

8.3 技术交底

技术交底在我国的建筑施工中起着非常重要的作用，因为任何技术规定都必须落实到现场工人的操作才能起到作用，尤其是一些新的规定，如若不能被现场施工人员了解和掌握，其效果就不能实现。本次编制的碗扣式钢管架规范由于具有很多新概念和新的条文，与原有的扣件式脚手架规范差别很大，因而技术交底工作就变得更加重要。

目前关于施工方案的编制和交底了解的人员较少，因而技术交底应分两个步骤进行。第一个步骤是首先对工程师技术管理人员进行培训和组织学习，这是技术交底工作的基础。此工作有少数单位已经开始，但与需要达到的程度相差甚远。由于本规范的编制要有高度的概括性和文字要求，因而编制过程中原有的细微的说明以及计算实例等都被删除，导致规范中有些内容不易被理解。本书编写的主要目的就是帮助现场施工技术人员掌握结构计算的方法。

建筑企业的管理层只有真正掌握规范的核心内容，才能正确执行本规范。当然管理层对规范的掌握只是完成了一半，还要利用技术交底这个管理环节贯彻到工人的实际操作中，这才能使脚手架和模板支撑架的安全使用达到可把握的程度。

8.4 脚手架的检查与验收

为了保证脚手架使用的安全,最重要的是坚持脚手架检查验收的制度。脚手架搭设完毕,经安全部门检查验收才能投入使用,这是安全管理的有效措施。本规范也坚持了这项管理规定,通过检查验收消除其隐患是必要的安全预防措施。但是现在的脚手架大多应用于高层建筑,而脚手架的侧面支撑主要依靠在施的钢筋混凝土结构,因而架子的搭设过程不可能一次完成。而是随建筑结构的上升而上升,因而检查验收也要与此相配合,逐步进行。第一次检查应在架子已具备完整段时进行,检查它与设计方案是否一致,以后可以逐层进行检查,直到达到全高为止。

8.5 关于混凝土结构拆模强度和混凝土强度推算

8.5.1 规范规定

规范 7.5.4 条规定了"模板支撑架拆除应符合现行国家标准《混凝土结构工程施工质量验收规范》GB 50204 中混凝土强度的有关规定。"其规定如表 8-1 所示。

现浇结构拆模时所需混凝土强度　　　　　表 8-1

结构类型	结构跨度（m）	按设计的混凝土强度标准值的百分率（%）
板	≤2	50
	>2, <8	75
	>8	100
梁拱壳	≤8	75
	>8	100
悬臂构件	≤2	75
	>2	100

注:"设计的混凝土强度标准值"系指设计混凝土强度等级相应的混凝土立方体抗压强度标准值。

8.5.2 判断混凝土强度的两种方法

(1) 采用预留备用试块在到期时进行试压的办法,即用试验法予以检验。

(2) 根据混凝土强度与龄期曲线进行推算的办法(图8-1~图8-4)。

混凝土的强度推算对于确定拆模时间具有非常重要的作用。早期混凝土的强度推算是以混凝土强度与龄期之间的试验曲线取得的。这组曲线是通过数万组试块试验结果统计归纳取得的。使

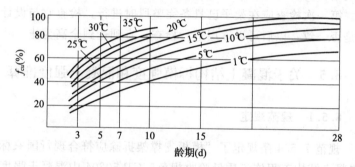

图 8-1 硅酸盐水泥混凝土强度龄期曲线

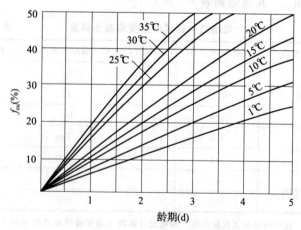

图 8-2 硅酸盐水泥混凝土强度龄期曲线 (0~5d)

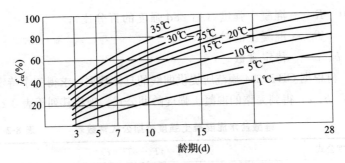

图 8-3 矿渣水泥混凝土强度龄期曲线

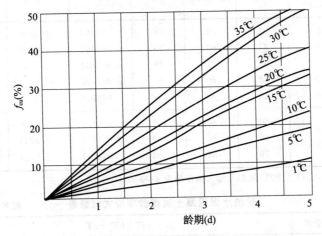

图 8-4 矿渣水泥混凝土强度龄期曲线（0~5d）

用该组曲线最大的困难是推断早期强度，早期强度影响因素多、离散性大，导致最后所得的曲线是 3~28d 的龄期曲线，而小于 3d 的曲线成为空白。前三天的强度不能推算，最后也就是不能取得有用的结果。

1994 年作者采用理论推导的办法，把这一难题予以解决，使得混凝土强度能够通过理论推算得到了 0~3d 龄期曲线，使强度推导的范围覆盖了 0~28d 全范围。理论推导采用了强度的龄期三次幂函数。

$$R = aT^2 + bT^2 + cT \tag{8-1}$$

式中 R——混凝土强度（估28d强度的百分比）；

T——混凝土的龄期（d）；

a、b、c——待定常数。

再根据 GB 50204 规范所提供曲线的具体数据，求得三个待定常数 a、b、c，得到完整的混凝土强度龄期公式，现将其列于表8-2。

硅酸盐水泥混凝土强度龄期公式常数表　　表8-2

强度公式	$f_T = aT^3 + bT^2 + cT$					
养护温度 (℃)	f_7 (f_5)	f_{14} (f_{10})	f_{28}	a	b	c
1	33	51	68	0.003158	−0.2194	6.09
5	41	63	78	0.003401	−0.2653	7.55
10	49	72	88	0.005831	−0.3878	9.43
15	56	80	93	0.007410	−0.4821	11.01
20	63	89	100	0.008503	−0.5561	12.48
25	60	80	101	0.024172	−1.1626	17.21
30	65	83	102	0.029620	−1.3843	19.98
35	70	88	103	0.032847	−1.5327	20.84

注：25℃、30℃和35℃输入强度值为 f_5 和 f_{10}。

矿渣水泥混凝土强度龄期公式常数表　　表8-3

强度公式	$f_T = aT^3 + bT^2 + cT$					
养护温度 (℃)	f_7 (f_5)	f_{14} (f_{10})	f_{28}	a	b	c
1	15	30	48	−0.001458	0.0306	2.00
5	25	42	65	0.001579	−0.1148	4.30
10	31	57	80	−0.001700	0.0153	4.62
15	40	68	90	0.000243	−0.0128	6.60
20	45	74	100	0.001943	−0.2041	7.76
25	40	63	101	0.008278	−0.4642	10.11
30	47	71	102	0.011649	−0.6347	12.28
35	52	76	103	0.014790	−0.7818	13.94

注：25℃、30℃和35℃输入强度值为 f_5 和 f_{10}。

8.5.3 该强度推算法的优点

有了上述强度推算法可以减少制作试块的麻烦。只要记录了养护阶段的气温，就可以按照气温和龄期求得混凝土的强度。最简单的方法即是按照整个养护期的平均气温计算。如果养护阶段日温度变化较大，可以按天进行计算，可求得较为精确的结果。

普通硅酸盐水泥混凝土，达到强度 50%、75% 和 100% 的天数如表 8-4 及图 8-5 所示。

达到强度的天数表（d） 表 8-4

日平均气温（℃）	50%	75%	100%
1	14.0	—	—
5	9.5	24.5	—
10	7.2	17.0	—
15	5.5	14	—
20	4.5	11	28
25	3.5	8.5	21
30	3.0	7.2	18
35	2.5	6.0	16

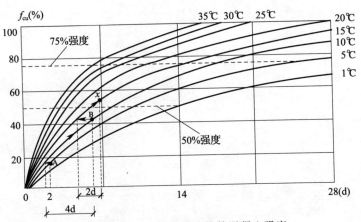

图 8-5 按强度龄期曲线推算混凝土强度

当采取按每天温度计算强度的精确分析法时，采用图解法按每个温度阶段天数，沿各不同温度曲线分段连续叠加计算求得，下面以图8-5来说明计算过程。如图所示，前2d的平均温度为5℃，之后4d平均温度10℃，最后阶段2d为15℃。其第一阶段按5℃曲线经过2d至A点，由图可知此时强度为18%，之后由A点向左引水平线与第二阶段的10℃曲线相交点，在此交点沿10℃曲线经过4d至B点，此时强度为42%；再画水平线与第三阶段的15℃曲线相交，之后再沿15℃曲线经2d龄期到达x点，整个过程累计经历8d，此时强度值由图可知为53%。图解推算路线如图8-5箭头所示。

当然以上结果具有足够的准确性，但是各种水泥中硫化钙等成分不完全相同，湿热养护条件也有差别，混凝土配合比中的水泥用量也不尽相同，以上因素对强度推算会有偏差，但是对一般情况下应用应当还是足够准确了。如果能配合施工作混凝土强度试块与之相对照，得出相应的调整系数，则此法可以达到极为准确的程度。

附 录

附录一 Q235 钢管轴心受压构件的稳定系数 φ

$\varphi\text{-}\lambda$ 关系表   附表 1-1

λ	0	1	2	3	4	5	6	7	8	9
0	1.000	0.997	0.995	0.992	0.989	0.987	0.984	0.981	0.979	0.976
10	0.974	0.971	0.968	0.966	0.963	0.960	0.958	0.955	0.952	0.949
20	0.947	0.944	0.941	0.938	0.936	0.933	0.930	0.927	0.924	0.921
30	0.918	0.915	0.912	0.909	0.906	0.903	0.899	0.896	0.893	0.889
40	0.886	0.882	0.879	0.875	0.872	0.868	0.864	0.861	0.858	0.855
50	0.852	0.849	0.846	0.843	0.839	0.836	0.832	0.829	0.825	0.822
60	0.818	0.814	0.810	0.806	0.802	0.797	0.793	0.789	0.784	0.779
70	0.775	0.770	0.765	0.760	0.755	0.750	0.744	0.739	0.733	0.728
80	0.722	0.716	0.710	0.704	0.698	0.692	0.686	0.680	0.673	0.667
90	0.661	0.654	0.648	0.641	0.634	0.626	0.618	0.611	0.603	0.595
100	0.588	0.580	0.573	0.566	0.558	0.551	0.544	0.537	0.530	0.523
110	0.516	0.509	0.502	0.496	0.489	0.483	0.476	0.470	0.464	0.458
120	0.452	0.446	0.440	0.434	0.428	0.423	0.417	0.412	0.406	0.401
130	0.396	0.391	0.386	0.381	0.376	0.371	0.367	0.362	0.357	0.353
140	0.349	0.344	0.340	0.336	0.332	0.328	0.324	0.320	0.316	0.312
150	0.308	0.305	0.301	0.298	0.294	0.291	0.287	0.284	0.281	0.277
160	0.274	0.271	0.268	0.265	0.262	0.259	0.256	0.253	0.251	0.248
170	0.245	0.243	0.240	0.237	0.235	0.232	0.230	0.227	0.225	0.223
180	0.220	0.218	0.216	0.214	0.211	0.209	0.207	0.205	0.203	0.201
190	0.199	0.197	0.195	0.193	0.191	0.189	0.188	0.186	0.184	0.182
200	0.180	0.179	0.177	0.175	0.174	0.172	0.171	0.169	0.167	0.166
210	0.164	0.163	0.161	0.160	0.159	0.157	0.156	0.154	0.153	0.152
220	0.150	0.149	0.148	0.146	0.145	0.144	0.143	0.141	0.140	0.139
230	0.138	0.137	0.136	0.135	0.133	0.132	0.131	0.130	0.129	0.128
240	0.127	0.126	0.125	0.124	0.123	0.122	0.121	0.120	0.119	0.118
250	0.117									

注：本表取自《冷弯薄壁型钢结构技术规范》GB 50018—2002。

附录二 ϕ48mm 钢管主要计算参数

一、ϕ48mm 钢管截面计算参数

ϕ48mm 钢管截面计算参数表　　　　附表 2-1

规格 (mm)	每米重量 (kg/m)	截面积 A(cm^2)	惯性矩 I(cm^4)	惯性半径 i(cm)	抗弯矩 W(cm^3)
ϕ48×2.5	2.81	3.57	9.28	1.61	3.867
ϕ48×3.0	3.33	4.24	10.78	1.59	4.492
ϕ48×3.5	3.84	4.89	12.19	1.58	5.080

二、钢管截面参数计算公式（钢管外径为 d；内径为 d_1）

1. 截面积计算式：$A = \dfrac{\pi(d^2 - d_1^2)}{4}$

2. 惯性矩计算式：$I = \dfrac{\pi}{64}(d^4 - d_1^4)$

3. 惯性半径计算式：$i = \dfrac{1}{4}\sqrt{d^2 - d_1^2}$

4. 抗弯矩计算式：$W = \dfrac{2I}{d}$

三、ϕ48mm 钢管中心受压时极限荷载值

ϕ48mm×3.5mm 钢管中心受压极限荷载表　　　附表 2-2

计算长度 l_0(m)	长细比 $\lambda = l_0/i$	折减系数 φ	极限荷载(N) $N = \varphi A f$
1.2	75.9	0.744	74582
1.8	113.9	0.489	49020
2.4	151.9	0.301	30174
3.0	189.9	0.199	19949
3.6	227.8	0.140	14034

注：$f = 205\text{N/mm}^2$；$A = 489\text{mm}^2$。

附录三 圆钢截面积及重量表

圆钢的直径横截面面积和重量表　　附表 3-1

公称直径 (mm)	公称截面积 (mm^2)	公称重量 (kg/m)	公称直径 (mm)	公称截面积 (mm^2)	公称重量 (kg/m)
3	7.07	0.056	18	254.5	2.00
4	12.57	0.099	20	314.2	2.47
5	19.63	0.154	22	380.1	2.98
6	28.27	0.222	25	490.9	3.85
8	50.27	0.395	28	615.8	4.83
10	78.54	0.617	32	804.2	6.31
12	113.1	0.888	36	1018	7.99
14	153.9	1.21	40	1257	9.87
16	201.1	1.58	50	1964	15.42

附录四 各种边界条件下中心受压杆计算长度

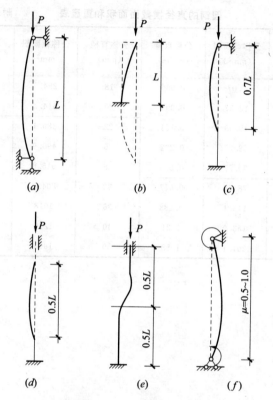

各种边界条件下中心受压杆计算长度
(a) 两端铰；(b) 一端固定；(c) 一端固定，一端铰接；(d) 两端固定；
(e) 两端固定，可横向位移；(f) 两端弹性固定

参考文献

[1] 杜荣军. 建筑施工架实用手册 [M]. 北京：中国建筑工业出版社，1994.

[2] 孙训芳，方淑敏，关秉泰. 材料力学（第二版下册）[M]. 北京：高等教育出版社，1987.

[3] 杜荣军. 扣件式钢管架的设计与计算 [M]. 北京：建筑技术，1987.8.

[4] 黄宝魁，徐崇宝，张铁铮等. 双排扣件式钢管脚手架整体稳定试验与理论分析 [M]. 建筑技术，1991（9）.

[5] 余宗明. 碗扣型脚手架结构试验 [J]. 建筑技术开发，1991（5）.

[6] 余宗明. 钢管脚手架铰接计算法 [J]. 建筑技术开发，1997（3）.

[7] 许得水. 英国临时设施工程设计计算. 建筑技术，1989（2、3、4）.

[8] 余宗明. 脚手架结构计算及安全技术 [M]. 北京：中国建筑工业出版社，2007.

[9] u.n.普洛柯费耶夫，A.Ф斯密尔诺夫. 结构理论（第三卷）[M]. 北京：高等教育出版社，1955.

[10] 混凝土结构工程施工及验收规范（GB 50204—92）[S]. 北京：辽宁科学技术出版社，1992.

[11] 余宗明，刘秉浩. 冬期施工人员技术手册 [M]. 北京：冶金工业出版社，1996.

[12] 建筑施工扣件式钢管脚手架安全技术规范. 北京：中国建筑工业出版社，2001.

[13] 建筑施工碗扣式钢管脚手架安全技术规范（JGJ 166—2008）[S]. 北京：中国建筑工业出版社，2008.

尊敬的读者：

感谢您选购我社图书！建工版图书按图书销售分类在卖场上架，共设22个一级分类及43个二级分类，根据图书销售分类选购建筑类图书会节省您的大量时间。现将建工版图书销售分类及与我社联系方式介绍给您，欢迎随时与我们联系。

★ 建工版图书销售分类表（见下表）。

★ 欢迎登陆中国建筑工业出版社网站www.cabp.com.cn，本网站为您提供建工版图书信息查询、网上留言、购书服务，并邀请您加入网上读者俱乐部。

★ 中国建筑工业出版社总编室
    电　话：010—58934845
    传　真：010—68321361

★ 中国建筑工业出版社发行部
    电　话：010—58933865
    传　真：010—68325420
    E-mail：hbw@cabp.com.cn

建工版图书销售分类表

一级分类名称 （代码）	二级分类名称 （代码）	一级分类名称 （代码）	二级分类名称 （代码）
建筑学 （A）	建筑历史与理论（A10）	园林景观 （G）	园林史与园林景观理论（G10）
	建筑设计（A20）		园林景观规划与设计（G20）
	建筑技术（A30）		环境艺术设计（G30）
	建筑表现·建筑制图（A40）		园林景观施工（G40）
	建筑艺术（A50）		园林植物与应用（G50）
建筑设备· 建筑材料（F）	暖通空调（F10）	城乡建设·市政工程·环境工程 （B）	城镇与乡（村）建设（B10）
	建筑给水排水（F20）		道路桥梁工程（B20）
	建筑电气与建筑智能化技术（F30）		市政给水排水工程（B30）
	建筑节能·建筑防火（F40）		市政供热、供燃气工程（B40）
	建筑材料（F50）		环境工程（B50）
城市规划· 城市设计（P）	城市史与城市规划理论（P10）	建筑结构与岩土工程（S）	建筑结构（S10）
	城市规划与城市设计（P20）		岩土工程（S20）
室内设计· 装饰装修（D）	室内设计与表现（D10）	建筑施工·设备安装技术（C）	施工技术（C10）
	家具与装饰（D20）		设备安装技术（C20）
	装修材料与施工（D30）		工程质量与安全（C30）
建筑工程经济与管理（M）	施工管理（M10）	房地产开发管理（E）	房地产开发与经营（E10）
	工程管理（M20）		物业管理（E20）
	工程监理（M30）	辞典·连续出版物（Z）	辞典（Z10）
	工程经济与造价（M40）		连续出版物（Z20）
艺术·设计 （K）	艺术（K10）	旅游·其他（Q）	旅游（Q10）
	工业设计（K20）		其他（Q20）
	平面设计（K30）	土木建筑计算机应用系列（J）	
执业资格考试用书（R）		法律法规与标准规范单行本（T）	
高校教材（V）		法律法规与标准规范汇编/大全（U）	
高职高专教材（X）		培训教材（Y）	
中职中专教材（W）		电子出版物（H）	

注：建工版图书销售分类已标注于图书封底。